Symposium

Nachhaltiger Beton –
Werkstoff, Konstruktion und Nutzung

Herausgeber:
Prof. Dr.-Ing. Harald S. Müller
Dipl.-Wirt.-Ing. Ulrich Nolting
Dr.-Ing. Michael Haist
Dipl.-Ing. Marco Kromer

Symposium

Nachhaltiger Beton – Werkstoff, Konstruktion und Nutzung

9. Symposium Baustoffe und Bauwerkserhaltung
Karlsruher Institut für Technologie (KIT), 15. März 2012

mit Beiträgen von:
Prof. Dr.-Ing. M. Norbert Fisch
Prof. Dr.-Ing. Christoph Gehlen
Dr.-Ing. Michael Haist
Prof. Dr. rer. nat. Bruno Hauer
Prof. Dr.-Ing. habil. Thomas Lützkendorf
Dr.-Ing. Christoph Müller
Prof. Dr.-Ing. Harald S. Müller
Prof. Dr. Joost Walraven

Veranstalter:
Karlsruher Institut für Technologie (KIT)
Institut für Massivbau und Baustofftechnologie
76128 Karlsruhe

VDB – Verband Deutscher Betoningenieure e. V.
Regionalgruppen 9 und 10

BetonMarketing Süd GmbH
Gerhard-Koch-Straße 2+4
73760 Ostfildern

Hinweis der Herausgeber

Für den Inhalt namentlich gekennzeichneter Beiträge ist die jeweilige Autorin bzw. der jeweilige Autor verantwortlich.

Impressum

Karlsruher Institut für Technologie (KIT)
KIT Scientific Publishing
Straße am Forum 2
D-76131 Karlsruhe
www.ksp.kit.edu

KIT – Universität des Landes Baden-Württemberg und
nationales Forschungszentrum in der Helmholtz-Gemeinschaft

KIT Scientific Publishing 2012
Print on Demand

ISBN 978-3-86644-820-9

Vorwort

Der signifikante Einfluss des Bauwesens auf unsere Umwelt hat eine stark zunehmende Verschärfung der gesetzlichen Regelungen zur Nachhaltigkeit von Bauwerken zur Folge. Dem Nachhaltigkeitsgedanken wird jedoch im bislang üblichen Planungsprozess – wenn überhaupt – nur stellenweise Rechnung getragen. Der Schlüssel zum nachhaltigen Bauen mit Beton liegt in einer umfassenden, lebenszyklusorientierten Betrachtung eines Bauwerks. Dabei müssen neben der Ökobilanz auch die technische, soziokulturelle, funktionale und ökonomische Qualität des Bauwerks berücksichtigt werden. Im Hinblick auf die oben genannten Kriterien weist der Werkstoff Beton bereits eine sehr hohe Nachhaltigkeit auf. Dennoch kann seine Nachhaltigkeit weiter gesteigert werden, indem die mit seiner Herstellung verbundenen Umwelteinwirkungen reduziert bzw. seine Leistungsfähigkeit und Wirtschaftlichkeit weiter verbessert werden.

Der vorliegende Tagungsband zum 9. Symposium Baustoffe und Bauwerkserhaltung gibt dem Leser einen umfassenden Einblick in die Vorgehensweise zum nachhaltigen Bauen mit Beton. Zunächst werden hierzu von namhaften Autoren die Prinzipien und Instrumente der Nachhaltigkeitsbewertung vorgestellt. Eine zentrale Stellung bei der Nachhaltigkeit eines Bauwerks nehmen die Eigenschaften der verwendeten Baustoffe ein. Im zweiten Themenblock wird daher besonders auf die Rolle des Zement und des Betons eingegangen und es werden Ansätze vorgestellt, wie die Nachhaltigkeit des Baustoffs Beton gesteigert werden kann. Der dritte Themenblock erläutert, wie bei der Planung nachhaltiger Betonkonstruktionen vorgegangen werden sollte.

In mehreren Beiträgen namhafter Referenten wird das Thema des nachhaltigen Betons von verschiedenen Seiten beleuchtet. Der vorliegende Tagungsband bietet dem Leser dabei einen Leitfaden für den nachhaltigen Umgang mit Beton und gibt Hinweise zur weitergehenden kritischen Auseinandersetzung mit dem Thema.

Die Veranstalter

Inhalt

Realisierung zukunftsfähiger Bauwerke – Anforderungen an Planung und Baustoffauswahl

Thomas Lützkendorf

Zusammenfassung

Das sich an den Prinzipien einer nachhaltigen Entwicklung orientierende Planen, Bauen und Betreiben von Bauwerken ist in Europa ein Leitmarkt. Im Interesse der Sicherung der Wettbewerbsfähigkeit von u.a. Planern, Bauunternehmen und Produktanbietern ist es erforderlich, sich mit den diesbezüglichen Themen und Trends auseinander zu setzen, sich entsprechend zu positionieren und auf aktuelle Entwicklungen und Bedürfnisse einzugehen. Von Bedeutung ist nicht nur die Reaktion auf eine Weiterentwicklung gesetzlicher und normativer Anforderungen, die im Beitrag vorgestellt werden, sondern auch die Beschäftigung mit den Aufgaben und Abläufen einer Nachhaltigkeitsbewertung von Bauwerken aus der Perspektive der jeweiligen Akteursgruppe. Kenntnis und Nutzung verfügbarer Informationsquellen und Hilfsmitteln führen zur Einsparung von Zeit und Kosten und reduzieren Risiken. Ein aktives Bedienen von Informationsbedürfnissen und -systemen kann die Wettbewerbsposition verbessern. Im Beitrag werden entsprechende Hinweise gegeben. Es wird u.a. aufgezeigt, welche zusätzlichen Erfordernisse sich für die Planung von Neubau- und Modernisierungsmaßnahmen ergeben. Gleichzeitig wird am Beispiel der Betonkonstruktionen erläutert, welchen Einfluss einerseits die Auswahl von Baustoffen und Bauweisen auf die Nachhaltigkeit von Bauwerken hat und wie sich andererseits die Anforderungen an bereit zu stellende Produktinformationen weiterentwickeln. Hochwertige Bauprodukte und Werkstoffe, ihr sachgerechter Einbau und Unterhalt sowie bestimmungsgemäßer Gebrauch sind eine von mehreren Grundlagen für nachhaltige Gebäude. Für eine Nachhaltigkeitsbewertung bleiben diese der eigentliche Betrachtungsgegenstand.

1 Einleitung

Die Umsetzung der Prinzipien einer nachhaltigen Entwicklung in der Bau-, Wohnungs- und Immobilienwirtschaft erfordert u.a. die Planung, Errichtung und Bewirtschaftung sowohl zukunftsfähiger als auch zukunftsverträglicher Gebäude, Ingenieurbauwerke und sonstiger baulicher Anlagen als Teile der gebauten Umwelt. Die Zukunftsfähigkeit wird hierbei als Erfüllung sowohl heutiger als auch künftiger Nutzerwünsche sowie gesetzlicher und normativer Anforderungen in Verbindung mit einer angemessenen Reaktion auf die Dynamik der Standort- und Umweltbedingungen interpretiert. Basis hierfür ist die Herstellung, Aufrechterhaltung und Weiterentwicklung einer geeigneten technischen und funktionalen Qualität. Unter der Zukunftsverträglichkeit wird u.a. der Beitrag zur wirtschaftlichen und gesellschaftlichen Entwicklung unter gleichzeitiger Beachtung von Aspekten der Ressourcenschonung und des Umweltschutzes verstanden. Sie wird durch die ökologische, ökonomische und soziale Qualität der baulichen Lösung beeinflusst. Neben der Gestaltung einer nachhaltigen Siedlungs- und Quartiersentwicklung, der Betrachtung des Bedürfnisfeldes Bauen und Wohnen inklusive der Beeinflussung von Lebensstilen sowie der Analyse des Beitrages relevanter Branchen und Sektoren zu einer nachhaltigen Entwicklung ist die Gestaltung, Realisierung und Nutzung von Bauwerken ein wesentliches Handlungsfeld.

2 Rahmenbedingungen

2.1 Nationale Nachhaltigkeitsstrategie

Nachhaltigkeit ist ein zentrales Prinzip der Politik in Deutschland, welches sich an der Definition der Brundtland-Kommission orientiert [1]. Bereits im Jahr 2002 wurde durch die Bundesregierung eine nationale Strategie für nachhaltige Entwicklung [2] formuliert. Regelmäßig wird in Form von Fortschrittsberichten die aktuelle Situation dargestellt. Es wurden Indikatoren entwickelt und quantitative Ziele formuliert, die eine Messung von Erfolgen erlauben. Das Statistische Bundesamt veröffentlicht entsprechende Indikatorberichte [3]. Ausgewählte Indikatoren weisen einen indirekten Bezug zur Bau- und Immobilienwirtschaft auf und werden durch diese beeinflusst. Dies sind u.a.: Energieproduktivität und Ressourcenproduktivität als Beitrag zur Ressourcenschonung, Treibhausgasemissionen, Anteil erneuerbarer Energien am Energieverbrauch, Anstieg der Siedlungs- und Verkehrsfläche, Artenvielfalt und Landschaftsqualität sowie Schadstoffbelastung der Luft. Es gibt bisher keinen unmittelbaren Indikator für Nachhaltigkeit im Baubereich. Dies wird noch diskutiert. Die Ziele sind nicht für einzelne Bedürfnisfelder (z.B. Bauen und Wohnen) oder Sektoren und Branchen (z.B. Bauwirtschaft) untersetzt. Spezifische Vorgaben konzentrieren sich auf die nachhaltige Siedlungsentwicklung sowie auf Beiträge zu Energieeffizienz und Klimaschutz.

2.2 Leitmarktinitiative der EU

„Nachhaltiges Bauen" ist einer von sechs Leitmärkten in der Europäischen Union. Die 2007 formulierte Leitmarktinitiative [4] soll die Entwicklung von Märkten mit hohem wirtschaftlichem und gesellschaftlichem Nutzen fördern und die Vermarktung von Innovationen erleichtern. Für den Bereich des Nachhaltigen Bauens existiert ein spezieller Plan – Action Plan for Sustainable Construction. Dieser benennt Maßnahmen in den Bereichen von Rechtsvorschriften, des Öffentlichen Auftragswesens und der Normung, Kennzeichnung und Zertifizierung. Teilziele sind u.a. die Einführung von Energieeffizienzzielen für neue und zu modernisierende Gebäude, die Entwicklung von Standards zur Berücksichtigung und Förderung der Nachhaltigkeit beim Bauen, die noch stärkere Orientierung der Beschaffung an Lebenszykluskosten sowie die Erarbeitung und Einführung geeigneter Nachhaltigkeitsbewertungssysteme.

2.3 EU Bauproduktenverordnung

Die bekannte Bauproduktenrichtlinie wurde 2011 durch die neue Bauproduktenverordnung abgelöst. Diese wird ab Sommer 2013 wirksam. Über die Rechtsform einer Verordnung wird erreicht, dass eine CE-Kennzeichnung künftig europaweit nach einheitlichen Vorgaben erfolgen kann und muss. Von besonderer Bedeutung für die Thematik des nachhaltigen Bauens ist die Erweiterung der Grundanforderungen an Bauwerke. Die bereits bekannten Bereiche (1) Mechanische Festigkeit und Standsicherheit; (2) Brandschutz, (3) Hygiene, Gesundheit und Umweltschutz; (4) Sicherheit und Barrierefreiheit bei der Nutzung; (5) Schallschutz sowie (6) Energieeinsparung und Wärmeschutz werden ergänzt durch Anforderung (7) Nachhaltige Nutzung der natürlichen Ressourcen. Hieraus ergeben sich zusätzliche Anforderungen an die Dauerhaftigkeit von Bauwerken, die Rückbau- und Recyclingfreundlichkeit von Bauwerken und Baustoffen sowie die Auswahl von Rohstoffen und Sekundärbaustoffen. Hier wird der Begriff der umweltverträglichen Rohstoffe und Sekundärbaustoffe eingeführt. Diese Anforderungen wirken sich unmittelbar auf Art und Umfang bereit zu stellender Bauproduktinformationen, auf die Nachhaltigkeitsbewertung sowie auf die Planung und Dokumentation ihrer Ergebnisse aus.

2.4 Internationale Normung (ISO)

Im Ergebnis von Normungsaktivitäten auf internationale Ebene u.a. im Rahmen von ISO TC 59 SC 14 und SC17 sind bei ISO eine Reihe von Normen entstanden, die sich sowohl mit allgemeinen und übergreifenden Fragen des nachhaltigen Bauens und der Nachhaltigkeitsbewertung befassen als auch spezielle Teilthemen – z.B. die Lebenszykluskostenrechnung bei Bauwerken behandeln. Weitere Normenreihen liefern methodische Grundlagen z.B. für die Ökobilanzierung. Ein Überblick wird u.a. durch den Autor in [6] gegeben. Von unmittelbarer Bedeutung sind die ISO 15392:2008 *Sustainability in building construction – General Principles* mit der Herausarbeitung der Notwendigkeit einer gleichzeitigen und gleichberechtigten Behandlung der drei Dimensionen Ökonomie, Ökologie und Soziales bei einer Nachhaltigkeitsbewertung sowie die ISO 21929-1:2011 *Sustainability in building construction – Sustainability indicators* mit der Nennung der bei einer Nachhaltigkeitsbewertung im Minimum zu verwendenden Bewertungskriterien. Dies sind: *global warming potential, ozone depletion potential, amount of non-renewable resources consumption, amount of fresh water consumption, amount of waste generation by type, accessibility of the building, indoor conditions and air quality, adaptability, life cycle cost, maintainability, safety, serviceability* und *aesthetic quality* als Merkmale und Eigenschaften des Bauwerks, *change of land use* und accessability of the building site als Grundstücksmerkmale sowie access to services (transportation, green areas, user relevant basic services) als Standortmerkmale. [7] Relevante Teilthemen der Nachhaltigkeitsbewertung von Bauwerken werden behandelt in ISO 21931-1:2010 *Sustainability in building construction – Framework for methods of assessment of the environmental performance of construction works – Part 1: Buildings*; ISO 15686-5:2008 *Buildings and constructed asssets – Service life planning – Part 5: Life-cycle costing* sowie DIN EN ISO 14040:2006 und DIN EN ISO 14044 zu Grundlagen und Anforderungen für die Ökobilanzierung.

Für die Beschreibung wesentlicher Merkmale von Bauprodukten ist die ISO 21930:2007 *Sustainability in building construction – Environmental declaration of building products* von Bedeutung. Sie liefert die Grundlage für die Erstellung von Bauproduktdeklarationen.

Es kann festgestellt werden, dass in der Normung der Schritt von einer überwiegend qualitativen zu einer überwiegend quantitativen Vorgehensweise bei der Nachhaltigkeitsbewertung vollzogen ist. Bewertungsgegenstand ist der vollständige Lebenszyklus des Bauwerkes. Die Bewertung der ökologischen Qualität soll sich u.a. auf die Ergebnisse einer Ökobilanzierung abstützen. Informationsgrundlage hierfür bilden die Umweltproduktdeklarationen (EPD's) der eingesetzten Bauprodukte. Die Bewertung der ökonomischen Qualität soll ich u.a. auf die Ergebnisse der Ermittlung und Beurteilung der Lebenszykluskosten abstützen.

Mit der Erarbeitung von Grundlagen für die Nachhaltigkeitsbewertung von Ingenieurbauwerken wurde begonnen, diese Arbeiten laufen zurzeit und werden von deutscher Seite begleitet.

2.5 Europäische Normung (CEN)

Im Ergebnis von Normungsaktivitäten auf europäischer Ebene u.a. im Rahmen von CEN TC 350 entstanden eine Reihe von Normen. Diese betreffen sowohl das allgemeine Vorgehen bei einer Nachhaltigkeitsbewertung (EN 15643-1:2010) als auch spezielle Grundlagen für die Beschreibung und Bewertung der Umweltqualität, der sozialen Qualität sowie der ökonomischen Qualität (EN 15643-2 bis EN 15643-4). Themen der Deklaration umweltrelevanter Produktinformationen werden u.a. in EN 15804 behandelt. Im Unterschied zu ISO werden die Normen bei CEN stärker an die Besonderheiten der Verhältnisse in Europa angepasst und konkreter ausgestaltet. Die Normen zur Bewertung der ökologischen, ökonomischen und sozialen Qualität werden jeweils durch zusätzliche Teilnormen zu Berechnungsgrundlagen und Systemgrenzen ergänzt.

Keine der Normen enthält konkrete Bewertungsmaßstäbe oder Benchmarks. Dies bleibt der nationalen Gesetzgebung, Normung oder Nachhaltigkeitsbewertung vorbehalten.

2.6 Deutsche Normung (DIN)

Über das DIN werden die internationale und europäische Normung intensiv begleitet. Der Autor ist als Obmann des Ausschusses NA 005-01-31 AA „Nachhaltiges Bauen" in diesen Prozess eingebunden. Ergebnisse werden z.T. in die deutsche Normung als DIN EN ISO übernommen. Zahlreiche DIN-Normen behandeln Themen, die für eine Nachhaltigkeitsbewertung und ihre Teilaspekte sowie für das nachhaltiges Planen und Bauen von Bedeutung sind. Es wird auf bestehende Übersichten [06] verwiesen. Bezüge zu Normen sind in allen Steckbriefen des öffentlich zugänglichen Nachhaltigkeitsbewertungssystems BNB über die Informationsplattform www.nachhaltigesbauen.de erhältlich.

Zusätzlich zu den Normen des DIN wird die Beachtung und Nutzung von Richtlinien z.B. des VDI (z.B. VDI 3807 Energiekennwerte) bzw. der GEFMA (z.B. GEFMA 220 Lebenszykluskosten empfohlen. Dort gibt es auch weitere hilfreiche Zusammenstellungen [8].

2.7 Leitfaden Nachhaltiges Bauen

Die Bundesregierung hat Grundlagen und Anforderungen an das nachhaltige Planen, Bauen und Betreiben von Gebäuden im vom BMVBS veröffentlichten Leitfaden [9] zusammengefasst. Er ist für Bauten des Bundes verpflichtend anzuwenden hat für sonstige Baumaßnahmen der öffentlichen Hand einen Empfehlungscharakter. Gegenüber der Privatwirtschaft möchte der Bund seine Vorbildrolle demonstrieren und dieser den Leitfaden als Orientierungshilfe anbieten. Der Leitfaden ist ganz auf das für öffentliche Bauten vorgesehene Bewertungssystem Nachhaltiges Bauen (BNB) – siehe hierzu auch Abschnitt 3 – zugeschnitten und enthält eine Vielzahl von Arbeitshilfen und Empfehlungen. Auf geeignete Hilfsmittel und Datenbanken wird verwiesen – siehe auch Abschnitt 7. Leitfaden und Informationen sind unter www.nachhaltigesbauen.de frei zugänglich.

Für alle Neubauten des Bundes ist damit eine Auseinandersetzung mit dem nachhaltigen Planen und Bauen erforderlich, deren Ergebnisse in einer Nachhaltigkeitsbewertung zusammenzufassen sind. Entsprechende Aktivitäten werden über Nachhaltigkeitskoordinatoren gesteuert.

Der Leitfaden entwickelt sich zu einem Instrument der umweltorientierten Beschaffung (green public procurement). Neu zu errichtende Bürogebäude des Bundes müssen in Bezug auf ihre Nachhaltigkeit ein Mindestniveau - ausgedrückt durch BNB „Silber" - erreichen. Sonstige öffentliche und private Bauherren orientieren sich an einer derartigen Vorgehensweise, beziehen sich dabei jedoch auch auf andere Grundlagen und Nachhaltigkeitsbewertungssysteme.

2.8 Aktivitäten auf Länderebene

Am Beispiel Baden-Württemberg kann aufgezeigt werden, wie intensiv sich Länder mit Fragen des nachhaltigen Planens, Bauens und Betreibens von Gebäuden befassen. Im Jahr 2009 wurde durch das Finanzministerium die Handlungsleitlinie zur Stärkung der Nachhaltigkeit im Staatlichen Hochbau [10] unter Mitwirkung des Autors erarbeitet und veröffentlicht. Neben dem Bekenntnis zu den Grundlagen und Zielen des nachhaltigen Bauens enthält das Dokument konkrete Anforderungen und Vorgaben, die für die Handlungsfelder Ressourcenschonung, Klima- und Umweltschutz, Gesundheit und Behaglichkeit sowie Architektur und Baukultur und wirtschaftlicher Gebäudebetrieb aufgezeigt werden. Es wurde eine Umsetzungsstrategie erarbeitet und eine Integration von Nachhaltigkeitsaspekten in die Abläufe der Planung und Entscheidungsfindung veranlasst.

2.9 Bauleitplanung

In den überwiegend durch Kommunen anzuwendenden Instrumenten der Bauleitplanung sind bereits Anforderungen an eine nachhaltige städtebauliche Entwicklung verankert, die sowohl soziale, wirtschaftliche und umweltschützende Teilaspekte umfasst. Ausdrücklich erwähnt werden u.a. der notwendige

Klimaschutz als auch die notwendige Anpassung an den bereits einsetzenden Klimawandel. Mit dem Instrument des Bebauungsplans kann sowohl Einfluss genommen werden auf die Siedlungsform und Baukörperstellung sowie die aktive und passive Nutzung von Solarenergie und die Art der Energieversorgung als auch auf die energetische Qualität der Gebäude und ihre Bauweise. Kommunen nutzen diese Möglichkeiten in unterschiedlicher Weise.

3 Bewertbarkeit von Nachhaltigkeit

Das Leitbild einer nachhaltigen Entwicklung sowie seine Prinzipien und Managementregeln [11] sind zunächst vergleichsweise abstrakt. Es bedarf jeweils einer Übertragung in die jeweilige Branche, einer Anpassung an den jeweiligen Betrachtungs- und Bewertungsgegenstand sowie einer Integration in die Abläufe einer Entscheidungsvorbereitung und -findung. Im Rahmen dieses Beitrages erfolgt eine Konzentration auf die Nachhaltigkeitsbewertung von Einzelobjekten im Baubereich – im Unterschied zur nachhaltigen Quartiers- und Siedlungsentwicklung bzw. der nachhaltigen Entwicklung von Unternehmen der Baustoffindustrie, der Bau-, Wohnungs- oder Immobilienwirtschaft.

In Deutschland wurden sehr früh Anforderungen an eine nachhaltige Entwicklung für das Bedürfnisfeld Bauen und Wohnen formuliert [12]. Diese umfassen u.a. Teilziele wie die Minimierung von Lebenszykluskosten, Reduzierung des Flächenverbrauchs und Reduzierung der Bodenversiegelung, Ressourcenschonung und Schließung von Stoffkreisläufen, Vermeidung von Schadstoffen, Reduzierung von CO_2-Emissionen, Sicherung eines bedarfsgerechten Wohnraums und eines gesunden Wohnens sowie Schaffung eines geeigneten Wohnumfeldes. Im Zuge der Operationalisierung des Umgangs mit der Nachhaltigkeitsthematik im Baubereich entstand der Wunsch, den Beitrag von Bauwerken zu einer nachhaltigen Entwicklung beschreiben und bewerten zu können. International und national wurden Systeme zur Nachhaltigkeitsbewertung entwickelt und eingeführt. Eine Übersicht liegt u.a. mit [13] vor. Eine erste Generation von derartigen Bewertungssystemen konzentrierte sich auf Aspekte des Umwelt- und Gesundheitsschutzes und verwendete überwiegend qualitative Kriterien.

In Deutschland wurde unter Mitwirkung des Autors eine Grundlage für die Nachhaltigkeitsbewertung entwickelt [14], die sich aus Schutzgütern und Schutzzielen ableitet, überwiegend quantitative Kriterien verwendet, auf der Lebenszyklusanalyse [15] aufbaut, über die Umwelt- und Gesundheitsverträglichkeit hinaus durch Einbeziehung auch ökonomischer Themen alle Aspekte der Nachhaltigkeit berücksichtigt und somit dem Ansatz der zweiten Generation von Bewertungssystemen entspricht. Auf

diesem methodischen Ansatz beruhen die in Deutschland im Einsatz befindlichen Bewertungssysteme Deutsches Gütesiegel Nachhaltiges Bauen (DGNB) der Deutschen Gesellschaft für Nachhaltiges Bauen (DGNB e.V.) und des Bewertungssystems Nachhaltiges Bauen (BNB) des BMVBS, welches für öffentliche Bauten vorgesehen ist. Betrachtungs- und Bewertungsgegenstand einer Nachhaltigkeitsbewertung ist das Gebäude inklusive Grundstück. Berücksichtigt wird der vollständige Lebenszyklus der Immobilie (Errichtung, Nutzung und Bewirtschaftung, Rückbau und Entsorgung oder sonstige Szenarien eines „end of life" einschließlich der Gewinnung von Rohstoffen, der Bereitstellung von Energie und der Herstellung der Bauprodukte. Die Bewertung des Beitrages von Bauwerken zu einer nachhaltigen Entwicklung beruht in Deutschland in völliger Übereinstimmung mit dem Stand der Normung auf der Beschreibung und Beurteilung der ökologischen, ökonomischen, sozialen und funktionalen und technischen Qualität des Objektes in Verbindung mit der Qualität der Prozesse für die Planung und Errichtung. Standortmerkmale werden ergänzend und gesondert angegeben.

Es war das erklärte Ziel in Deutschland, die Nachhaltigkeitsthematik mit einer Beschreibung und Bewertung der Objekt- und Prozessqualität zu verknüpfen. Entscheidend für die Nachhaltigkeit von Gebäuden ist zunächst deren funktionale und technische Qualität. Diese entscheidet nicht nur über die Erfüllung heutiger sondern auch künftiger Nutzeranforderungen. Die Erfüllung von Nutzeranforderungen ist eng mit der sozialen Qualität verknüpft – häufig werden daher beide Themenbereiche zusammenfassend behandelt. Der Erfüllung von Nutzeranforderungen kann ein zu treibender ökologischer und ökonomischer Aufwand gegenübergestellt und bewertet werden. Während es in der Planung primär um die Erfüllung der vorausgesetzten und vereinbarten Merkmale und Eigenschaften im Zusammenhang mit der Ausgestaltung eines günstigen Verhältnisses von Aufwand zu Nutzen geht, konzentriert sich die Nachhaltigkeitsbewertung auf eine Gesamtzusammenschau aller Teilqualitäten. Die Ergebnisse einer Nachhaltigkeitsbewertung werden dabei nicht ausschließlich für Marketingaspekte genutzt. Der Prozess der Nachhaltigkeitsbewertung und seine Ergebnisse unterstützen vielmehr die Zielfindungsdiskussion und -vereinbarung zwischen Auftraggeber und Auftrag-nehmer, die Qualitätssicherung in der Planung und Ausführung sowie u.a. die Bereitstellung von Informationen für Dritte (z.B. Makler, Wertermittler, Banken, Versicherungen).

Die Bewertungssysteme werden ausgehend von neu zu errichtenden Bürobauten zunehmend an die Besonderheiten weiterer Gebäude- und Nutzungsarten angepasst und um Systemvarianten für den Bestand, für die Nutzungsphase und für Modernisierungsmaßnahmen erweitert.

4 Hochbau versus Ingenieurbauwerke

Im Rahmen der Entwicklung und Anwendung von Nachhaltigkeitsbewertungssystemen liegen für die Gebäude- und Nutzugsarten des Hochbaus (Bürogebäude, Hotels, Wohnbauten, Labors, Logistikbauten usw.) umfangreiche Erfahrungen vor. Die internationale und europäische Normung hat hierfür Grundlagen entwickelt. Im Unterschied hierzu befinden sich Bewertungsansätze und –systeme für Ingenieurbauwerke noch in der Entwicklung, entsprechende Normungsaktivitäten haben bereits begonnen. Aus Sicht des Autors gibt es zwischen diesen Bauwerksarten zu beachtende Unterschiede. Hochbauten definieren ihre Nutzungsdauer stärker über funktionale und wirtschaftliche Aspekte, die Lebensdauer der Ingenieurbauwerke (hier im Sinne von z.B. Brücken) wird stark durch technische bzw. stofflich-konstruktive Aspekte beeinflusst. Hochbauten unterliegen sehr stark einem Nutzereinfluss, die Nutzungsphase hat einen hohen Einfluss z.B. auf den Energieverbrauch. Ingenieurbauwerke stehen häufig in einem großflächigen Kontakt mit Grund- und Oberflächenwasser sowie dem Boden. Die Beschreibung und Festlegung ihres funktionalen Äquivalentes als Bezugsgröße und Vergleichsmaßstab gestaltet sich schwieriger. Es kann daher erwartet werden, dass sich Art und Umfang von Bewertungskriterien sowie die Wichtung dieser Kriterien zwischen Hoch- und Ingenieurbauten unterscheiden werden. Unabhängig davon übt die Wahl von Bauprodukten und Bauweisen einen Einfluss auf die Qualität der baulichen Lösung sowie deren Nachhaltigkeit. Die Abschätzung des finanziellen und ökologischen Aufwandes für die Instandhaltung wird zu einem wichtigen Teilaspekt der Lebenszyklusanalyse.

5 Einfluss auf Nachhaltigkeitsbewertung

Die Festlegung der Bauweise und die Auswahl der Bauprodukte haben einen Einfluss auf die Nachhaltigkeit eines Bauwerkes und das Ergebnis seiner Nachhaltigkeitsbewertung. Dabei sind einzelne Bewertungskriterien und Teilindikatoren in unterschiedlicher Weise betroffen. Nachstehend wird mit Tabelle 1 am Beispiel des Nachhaltigkeitsbewertungssystems BNB für neu zu errichtende Bürogebäude der Öffentlichen Hand (www.nachhaltigesbauen.de) dargestellt und erläutert, wo und wie sich der Einsatz von Beton und Betonkonstruktionen auf das Ergebnis einer Nachhaltigkeitsbewertung auswirken. Die Aussagen können sinngemäß auf das Nachhaltigkeitsbewertungssystem zum Deutschen Gütesiegel Nachhaltiges Bauen der DGNB übertragen werden, dessen Aufbau und Bewertungsmaßstäbe vergleichbar sind – siehe hierzu auch www.dgnb.de.

Bei Auswertung der Tabelle 1 wird deutlich, dass sich die Auswahl von Beton und Betonkonstruktionen in vielfältiger Weise auf das Ergebnis einer Nachhaltigkeitsbewertung auswirkt. Es wird gleichzeitig erkennbar, dass umfangreiche Produkt- und Bauteilinformationen in geeigneter Weise zur Verfügung gestellt werden müssen, um eine Nachhaltigkeitsbewertung von Gebäuden und baulichen Anlagen zu unterstützen.

Tab. 1: Einfluss von Beton und Betonkonstruktionen auf die Nachhaltigkeitsbewertung, Beispiel BNB (BMVBS)

Wirkung auf die globale und lokale Umwelt		
Treibhauspotenzial (GWP)	■	direkter Einfluss auf Ökobilanz durch Art und Umfang verwendeter Betonprodukte, EPD muss vorliegen
Ozonschichtabbaupotenzial (ODP)	■	
Ozonbildungspotenzial (POCP)	■	
Versauerungspotenzial (AP)	■	
Überdüngungspotenzial (EP)	■	
Risiken für die lokale Umwelt	■	Einfluss bei Kontakt mit Grundwasser und Boden über Art und Umfang von Zusatzmitteln und Beschichtungen
Nachhaltige Materialgewinnung /Holz		
Ressourceninanspruchnahme		
Primärenergiebedarf nicht erneuerbar (PE$_{ne}$)	■	Einfluss auf Ökobilanz durch Art und Umfang verwendeter Betonprodukte, EPD muss vorliegen
GesamtPE (PE$_{ges}$) u. Anteil erneuerbarer PE (PE$_e$)	■	
Trinkwasserbedarf und Abwasseraufkommen		
Lebenszykluskosten		
Gebäudebezogene Kosten im Lebenszyklus	■	Einfluss auf Bau- und Nutzungskosten
Wertentwicklung		
Drittverwendungsfähigkeit	☐	Einfluss möglich, ggf. Traglastreserven

Tab. 1: Einfluss von Beton und Betonkonstruktionen auf die Nachhaltigkeitsbewertung, Beispiel BNB (Forts.)

Gesundheit, Behaglichkeit und Nutzerzufriedenheit		
Thermischer Komfort im Winter	☐	Einfluss möglich, u.a. über Betonkernaktivierung
Thermischer Komfort im Sommer	■	Einfluss gegeben, u.a. über Speicherfähigkeit
Innenraumhygiene	☐	Einfluss vorhanden, (kaum Emissionen)
Akustischer Komfort	☐	Einfluss möglich, (z.B. integrierte Akustiksysteme in Decken)
Visueller Komfort		
Einflussnahme des Nutzers		
Aufenthaltsmerkmale im Außenraum		
Sicherheit und Störfallrisiken	■	Einfluss über brandschutztechnische Eigenschaften gegeben
Funktionalität		
Barrierefreiheit		
Flächeneffizienz	■	Einfluss gegeben, (u.a. geringe Wanddicken)
Umnutzungsfähigkeit	■	Einfluss gegeben
Zugänglichkeit		
Fahrradkomfort		
Sicherung der Gestaltungsqualität		
Gestalterische und städtebauliche Qualität	☐	Einfluss auf gestalterische Qualität möglich (z.B. Sichtbeton)
Kunst am Bau	☐	Einfluss möglich
Technische Ausführung		
Schallschutz	■	direkter Einfluss gegeben
Wärme- und Tauwasserschutz	■	Einfluss gegeben
Reinigung und Instandhaltung	■	Einfluss auf Instandhaltungsfreundlichkeit gegeben
Rückbau, Trennung und Verwertung	■	Einfluss auf Rückbau- und Recyclingfreundlichkeit gegeben
Planung (Prozessqualität)		
Projektvorbereitung		
Integrale Planung		
Komplexität und Optimierung der Planung		
Ausschreibung und Vergabe		
Voraussetzung für eine optimale Bewirtschaftung	■	Einfluss vorhanden, Erstellung produkt- und bauteilspezifischer Inspektions- und Wartungsanleitungen erforderlich
Bauausführung (Prozessqualität)		
Baustelle / Bauprozess	■	Einfluss über Technologie auf der Baustelle gegeben (Einfluss auf Lärm, Staub usw.)
Qualitätssicherung der Bauausführung		
Systemtische Inbetriebnahme		

6 Anforderungen an Baustoffauswahl

Aus den oben am Beispiel von Beton dargestellten Einflüssen von Bauprodukten und Bauweisen auf die Nachhaltigkeit und die Nachhaltigkeitsbewertung von Bauwerken ergeben sich Anforderungen an die Baustoffauswahl. Dabei geht es nicht um deren „Nachhaltigkeit" an sich, sondern um den jeweiligen Beitrag zur Nachhaltigkeit des Bauwerkes unter zielgerichteter Ausnutzung ihrer spezifischen Merkmale und Eigenschaften in der konkreten Einbau- und Beanspruchungssituation sowie bei Sicherstellung ihres bestimmungsgemäßen Gebrauchs.

Basis der Auswahl und Bewertung von Bauprodukten bleibt weiterhin die Erfüllung technischer Anforderungen bzw. eine situationsabhängige Ausnutzung technischer Merkmale und Eigenschaften. Es fließen weiterhin ein die umwelt- und gesundheitsrelevanten Merkmale und Eigenschaften, die in einzelnen Liefer-, Verarbeitungs- und Nutzungszuständen und damit in den einzelnen Lebenszyklusphasen vorliegen. Ein wesentlicher Teilaspekt ist die Ökobilanz, die im Minimum die Systemgrenze „from cradle to gate" – frei übersetzt: von den energetischen und stofflichen Vorstufen über alle Herstellungsprozesse bis zum „Werktor" – abdecken muss, vorzugsweise aber zusätzlich Module für weitere Lebenszyklusphasen anbietet. Es wird empfohlen, die Angaben zum Recyclingpotenzial in einem gesonderten Modul darzustellen, wie es inzwischen auch von der Norm erwartet wird. Diese Informationen werden i.d.R. in einer Umweltproduktdeklaration (EPD) zusammengefasst und z.T. durch Hinweise auf Risiken für Umwelt und Gesundheit ergänzt.

In die Auswahl und Bewertung von Bauprodukten und Baukonstruktionen fließen weiterhin Angaben ein, die eine Ermittlung und Beurteilung der Bau- und Nutzungskosten sowohl einzelner Bauteile als auch des Bauwerkes unterstützen. Es wird darauf hingewiesen, dass Vergleiche zur ökonomischen Vorteilhaftigkeit nur auf Basis der Sicherung der vollständigen Vergleichbarkeit über ein funktionales Äquivalent sinnvoll und zulässig sind.

Zusätzlich einzubeziehen sind die Merkmale und Eigenschaften mit Bezug zum Verhalten im Lebenszyklus. Dies sind Angaben zur Lebensdauer, zu den Inspektions-, Wartungs- und Instandhaltungszyklen sowie zur Wartungs-, Instandhaltungs-, Rückbau- und Recyclingfreundlichkeit. Weiterhin spielen die Informationen zur Verarbeitbarkeit, zur Widerstandsfähigkeit sowie zum sonstigen Langzeitverhalten eine Rolle. Zur Unterstützung der künftigen Gebäudebewirtschaftung ist von Interesse, ob und inwieweit Wartungs-, Pflege- und Instandhaltungsanleitungen übergeben sowie Wartungs- bzw. Vollwartungsverträge angeboten werden können. Damit wird deutlich, dass die bei einer Auswahl und Bewertung von Baustoffen und Baukonstruktionen zu beachtenden

Aspekte umfangreicher geworden sind. Häufig wird erwartet, dass geeignete Informationen nicht nur für einzelne Bauprodukte sondern für komplette Systeme (Bauteile bzw. „Elemente") nachgefragt werden, da diese i.d.R. einem funktionalen Äquivalent entsprechen und so einen Variantenvergleich ermöglichen. Ein Bereitstellen geeigneter Produkt- bzw. Systeminformation wird zu einer wesentlichen Aufgabe bei der Sicherung der Wettbewerbsfähigkeit – siehe auch Abschnitt 8.

7 Verfügbare Hilfsmittel

7.1 Methodische Grundlagen

Eine Grundlage für die Nachhaltigkeitsbewertung ist die Lebenszyklusanalyse. Diese kombiniert i.d.R. Methoden der Ökobilanzierung und der Lebenszykluskostenrechnung. Für beide Vorgehensweisen liegen methodische Grundlagen anwendungsbereit vor. Für den Bereich der Ökobilanzierung wird auf den Beitrag von HAUER im vorliegenden Tagungsband verwiesen. Bei der konkreten Anwendung der Methoden sind eine Reihe von Annahmen und Konventionen notwendig, wie sie z.B. in den Steckbriefen des Bewertungssystems BNB – siehe auch www.nachhaltigesbauen.de beschrieben werden. Entscheidend sind u. a. die Wahl eines Betrachtungszeitraums, die Annahmen zur Wartungs- und Instandhaltungsstrategie sowie der Kalkulationszinssatz für die Lebenszykluskostenrechnung. Mittelfristig kann und muss davon ausgegangen werden, dass die Risikoanalyse zum Bestandteil der Lebenszyklusanalyse wird.

7.2 Informationssysteme

Im Zusammenhang mit der Bereitstellung von Hilfsmitteln wurden eine Reihe von Informationsquellen entwickelt, die sich gegenseitig ergänzen, jedoch auch mit relativer Selbständigkeit verwendet werden können. Es handelt sich hierbei u.a. um das webbasierte ökologische Baustoffinformationssystem WECOBIS (www.wecobis.de) mit hersteller- und produktneutralen Angaben zu ausgewählten Produktgruppen. Vorgehalten werden wesentliche Angaben zu einzelnen Phasen des Lebenszyklus sowie zu Risiken für Umwelt und Gesundheit.

Das Gefahrstoffinformationssystem der Bauberufsgenossenschaften WINGIS (www.wingis-online.de) unterstützt die Auswahl von Bauprodukten und Alternativlösungen sowie die Einhaltung des Arbeits- und Gesundheitsschutzes auf Baustellen.

Für die Ökobilanzierung von Bauwerken werden die Ökobilanzdaten zu Bauprodukten über die Datenbank ökobau.dat auf www.nachhaltigesbauen.de zur Verfügung gestellt. Diese basieren auf Umweltproduktdeklarationen zu Einzelprodukten oder von Branchen (EPD's bzw. Branchen-EPD's – siehe hierzu auch Abschnitt 8). An gleicher Stelle ist eine

Tabelle mit Angaben zur mittleren Verweildauer von Bauteilen in Bauwerken verfügbar. Diese ist jedoch ganz auf die Bedürfnisse einer Nachhaltigkeitsbewertung mit einem Betrachtungszeitraum von 50 Jahren zugeschnitten und eignet sich daher nur bedingt für sonstige ingenieurmässige Betrachtungen. Zusätzlich empfohlen werden können die Informationssysteme zu den mit einem Blauen Engel ausgezeichneten Produkten (inkl. zahlreicher Bauprodukte) unter www.blauer-engel.de sowie zur umweltfreundlichen Beschaffung von Bauprodukten unter www.umweltbundesamt.de/produkte/beschaffung/.

Im Zusammenhang mit der Unterstützung der Nachhaltigkeitsbewertung von Bauwerken werden verschiedene Plattformen mit Produktinformationen aufgebaut und betrieben. Ein Beispiel ist der DGNB-Navigator unter www.dgnb-navigator.de.

7.3 Planungs- und Bewertungshilfsmittel

Es wurden für die Unterstützung der Planung und Nachhaltigkeitsbewertung z.T. komplexe Hilfsmittel entwickelt. Ein Beispiel, welches unter Mitwirkung des Autors entstand, ist LEGEP. Es ermöglicht die kombinierte Berechnung des Energiebedarfs, der Ökobilanz sowie der Lebenszykluskosten und basiert auf der Elementmethode – siehe auch unter www.legep-software.de.

7.4 Sonstige

Weitere Hilfsmittel sind u.a. Güte- und Gefahrenzeichen, Label, Bauteilkataloge, Ausschreibungshilfen, Energieausweise und Gebäudepässe. Es entsteht ein „Werkzeugkasten", der bei Nutzung geeigneter Hilfsmittel und Informationsquellen eine Nachhaltigkeitsbewertung zeit- und kostensparend unterstützt. Es besteht einerseits die Aufgabe, diese Möglichkeiten zu kennen und zu nutzen. Es ist andererseits erforderlich, diese Hilfsmittel als Informationskanäle zu interpretieren, in die hinein Produktinformationen eingespeist werden können und müssen.

8 Notwendige Produktinformationen

Zur Unterstützung sowohl der Planung als auch der Nachhaltigkeitsbewertung von Gebäuden sollen und müssen durch die Baustoffproduktion und den Baustoffhandel geeignete Informationen zur Verfügung gestellt werden.

Angaben zu technischen und bauphysikalischen Merkmalen und Eigenschaften bilden weiterhin Kern und Basis aller Produktinformationen. Sie sind und bleiben unverzichtbar. Weiterhin werden Angaben erwartet, die zur Abschätzung zu erwartender Baukosten beitragen können.

Neben traditionellen Produktinformationen werden zunehmend Angaben nachgefragt, die sich zu umwelt- und gesundheitsrelevanten Aspekten (Ressourceninanspruchnahme, Wirkungen auf die lokale und globale Umwelt, Risiken für Umwelt und Gesundheit in einzelnen Lebenszyklusphasen, Deklaration der Inhaltsstoffe usw.) äußern und die Ermittlung von Lebenszykluskosten unterstützen. Dies sind u.a. Angaben zur technischen Lebensdauer unter definierten Randbedingungen, Angaben zum Inspektions-, Wartungs- und Instandhaltungsaufwand sowie –zyklus in Verbindung mit den entsprechenden Kosten, Angebote über Wartungs- und Vollwartungsverträge, Angaben zu Rückbau- und Recyclingmöglichkeiten. Notwendig ist u.a. die Erstellung und regelmäßige Aktualisierung einer Deklaration umwelt- und z.T. gesundheitsrelevanter Merkmale, Eigenschaften und sonstiger Informationen in Form einer Umweltproduktdeklaration (EPD – *environmental product declaration*). Inhalt und Aufbau sollten sich zunächst an der ISO 21930:2007 *Sustainability in building construction – Environmental declaration of building products* orientieren. Im Rahmen von CEN TC 350 wurden zusätzlich Anforderungen formuliert in Form der EN 15804:2012 *Sustainability of construction works - Environmental product declarations - Core rules for the product category of construction products* sowie der EN 15942:2011 *Sustainability of construction works - Environmental product declarations - Communication format business-to-business*.

Die Erarbeitung von Angaben für eine produkt- und herstellerspezifische EPD bzw. eine Branchen-EPD basiert zu wesentlichen Teilen auf einer Ökobilanz nach DIN EN ISO 14040 und DIN EN ISO 14044. Es kann davon ausgegangen werden, dass neben der Behandlung der üblichen Parameter und Wirkungskategorien künftig auch Angaben zur abiotischen Ressourceninanspruchnahme (ADP) erhoben und zur Verfügung gestellt werden müssen.

Innerhalb Deutschlands ist das Institut Bauen und Umwelt der Programmhalter für die Erstellung von Umweltproduktdeklarationen. Es handelt sich hierbei um unbewertete Angaben im Sinne einer Umweltdeklaration Typ III nach ISO 14025:2006 *Environmental declarations and labels*.

Bei der Erstellung von Daten zu umwelt- und gesundheitsrelevanten Aspekten sind die Ergebnisse des Normungsprozesses im Rahmen von CEN TC 351 *Construction products – Assessment of release of dangerous substances* zu beachten.

Die Bereitstellung von Produktinformationen zur Nachhaltigkeitsbewertung von Gebäuden kann sich nicht auf die Erarbeitung und Veröffentlichung einer EPD konzentrieren. Vorgeschlagen wird ein umfassendes Bauproduktinformationssystem, was Elemente z.B. aus WECOBIS integrieren kann. Hier ergibt sich weiterer Forschungs- und Abstimmungsbedarf. Empfohlen wird im Minimum die aktive Bereitstellung von EPD's im Zuge der Angebotserstellung sowie die weitere intensive Auseinandersetzung mit dem Stand der Normung und der Weiterentwicklung von WE-

COBIS und WINGIS. Im Sinne eines Vorschlages könnten vorhandene Elementkataloge zu Betonkonstruktionen weiterentwickelt und durch umwelt- und gesundheitsrelevante Angaben ergänzt werden. Eine derartige Herangehensweise hat sich als Brücke zur Planung bewährt. Elemente im Sinne eines funktionalen Äquivalentes (z.B. 1 m² Außenwand mit vollständigem Schichtenaufbau und Angaben zu allen technischen Parametern) repräsentieren eine sinnvolle Schnittstelle zwischen den aus der Bauwerksebene abgeleiteten technischen und funktionalen Anforderungen einerseits und der stofflich-konstruktiven Lösung andererseits.

9 Anforderungen an die Planung

Für eine Integration von Nachhaltigkeitsaspekten in die Planung ist es erforderlich, sich frühzeitig mit dem Bauherrn auf ein allgemeines Nachhaltigkeitsverständnis und dessen Übertragung auf das konkrete Bauvorhaben zu einigen. Hierfür existieren geeignete Vorschläge für ein strukturiertes Vorgehen [16].

Die EN 15643-1 sieht vor, dass bereits in frühen Phasen neben den Anforderungen an die technische und funktionale Qualität des Bauwerkes und der Beachtung aller geltenden Gesetze und Normen die Formulierung von Anforderungen an die ökologische, ökonomische und soziale Qualität von Bedeutung ist. Eine Beschreibung und Integration von Anforderungen an die Nachhaltigkeit muss alle Aktivitäten im Zusammenhang mit der Vorbereitung und Realisierung von Bauvorhaben durchdringen – u.a. die Projektentwicklung, die Vorbereitung und Durchführung von Wettbewerben [17] sowie die Planungsphasen nach HOAI bzw. gemäß der Vorgehensweise der Öffentlichen Hand [18]. Es wird empfohlen, über die Vereinbarung eines anzustrebenden Nachhaltigkeitsniveaus eines Nachhaltigkeitsbewertungssystems hinaus zu einzelnen Kriterien konkrete Anforderungen zu formulieren und deren Einhaltung bereits während der Planung zu überprüfen. Die Kriterienlisten und Steckbriefe der in Deutschland verwendeten Systeme BNB und DGNB liefern Grundlage und Arbeitshilfe für ein strukturiertes Vorgehen.

Bei der Integration von Nachhaltigkeitsaspekten in die Prozesse der Planung und Entscheidungsfindung ist zu klären, in welcher Planungsphase durch wen und in wessen Verantwortung Daten und Informationen bereitzustellen und zu interpretieren sind und in welcher Lebenszyklusphase sich diese auswirken. Weiterhin ist zu klären, ob und welche Leistungen im Rahmen einer Nachhaltigkeitsbewertung zusätzlich zu honorieren sind. Es kann davon ausgegangen werden, dass bei Erarbeitung üblicher Planungsunterlagen und Nachweise die Masse der für eine Nachhaltigkeitsbewertung relevanten Informationen ohnehin erzeugt wird. Ein Zusatzaufwand entsteht ggf. durch die Koordination, eine umfangrei-

chere Dokumentation sowie die Ökobilanzierung. Aus Sicht des Autors kann eine Lebenszykluskostenrechnung kaum noch als zusätzliche Sonderleistung betrachtet werden – sie sollte zur Selbstverständlichkeit werden. Auch unabhängig von einer Nachhaltigkeitsbewertung wird empfohlen, wesentliche Planungsergebnisse in einer Dokumentation (Hausakte) zusammenzufassen und lebenszyklusbegleitend zu dokumentieren. Verstärkten möchten und müssen Dritte (u.a. Wertermittler) auf derartige Informationen zugreifen.

Voraussetzungen für einen Erfolg ist die integrale Planung sowie die Durchführung von Variantenvergleichen unter Einbeziehung ökonomischer, ökologischer und sozialer Aspekte. Dies wird von deutschen Nachhaltigkeitsbewertungssystemen im Bereich der Bewertung der Prozessqualität für die Phase der Planung honoriert.

10 Ausblick

Die Nachfrage nach Gebäuden, die in der Lage sind, eine nachhaltige Entwicklung zu unterstützen, wird sowohl bei der Öffentlichen Hand als auch bei der Privatwirtschaft noch anwachsen. Neben Marketingaspekten und Imagegründen werden Themen wie Wertstabilität, Risikominimierung, Sicherung der Vermiet- und Vermarktbarkeit zu wesentlichen Motiven. Dieser Beitrag zu einer nachhaltigen Entwicklung durch die Planung, Realisierung und Bewirtschaftung entsprechender Bauwerke muss beschreibbar, bewertbar und darstellbar sein. Ökobilanzierung und Lebenszykluskostenrechnung werden zu wesentlichen Instrumenten einer Nachhaltigkeitsbewertung, die sich mehr und mehr auf quantitative Ergebnisse abstützt und lebenszyklusbegleitend fortgeschrieben wird.

Für die Hersteller und Anbieter von Bauprodukten ergeben sich zusätzliche Anforderungen. Neben der Herstellung und Weiterentwicklung geeigneter Produkte geht es um die aktive Bereitstellung geeigneter Produktinformationen, das Erschließen von Optimierungspotenzialen in eigenen Prozessen und in Vorstufen, die Organisation von Informationsflüssen entlang der Wertschöpfungsketten sowie um eine nachhaltige Unternehmensentwicklung. Entsprechende Verbände können diese Prozesse aktiv begleiten unterstützen (u.a. durch die Erarbeitung von Branchen-EPD's). Die intensive Auseinandersetzung mit dem Thema Nachhaltigkeit in Verbindung mit der Bereitstellung von Produkten, Dienstleistungen und Informationen wird für alle Akteure zur Voraussetzung für eine Erhaltung oder Verbesserung der Wettbewerbsposition und ein Beitrag zur Wahrnehmung von Verantwortung gegenüber Umwelt und Gesellschaft.

11 Literatur

11.1 Literaturhinweise

[1] Weltkommission für Umwelt und Entwicklung (1987) Bericht der Brundtland Kommission

[2] Bundesregierung (2002) Perspektiven für Deutschland – unsere Strategie für eine nachhaltige Entwicklung

[3] Statistisches Bundesamt (2010) Nachhaltige Entwicklung in Deutschland – Indikatorenbericht 2010

[4] Kommission der Europäischen Gemeinschaften (2007) Eine Leitmarktinitiative für Europa, KOM (2007) 860

[5] Europäische Union (2011) Verordnung zur Festlegung harmonisierter Randbedingungen für die Vermarktung von Bauprodukten, EU Nr 305/2011, veröffentlicht im Amtsblatt der EU (54) L88 vom 4.4.2011

[6] Lützkendorf, T. (2011) Normen als Verständigungsgrundlage und Handlungsanleitung beim Nachhaltigen Bauen, in Bauer et al: Nachhaltiges Bauen – Zukunftsfähige Konzepte für Planer und Entscheider, Beuth Verlag, Berlin, S. 175 – 212.

[7] International Organization for Standardization (2011) ISO 21929-1 Sustainability in building construction – Sustainability indicators – Part 1: Framework for the development of indicators and core set of indicators for buildings

[8] German Facility Management Association (2010) GEFMA 910 – Normen und Richtlinien im Facility Management

[9] BMVBS (2011) Leitfaden Nachhaltiges Bauen

[10] Finanzministerium Baden-Württemberg (2009) Stärkung der Nachhaltigkeit im Staatlichen Hochbau – Ziele, Strategien, Leitlinien

[11] Rogall, H. (2004) Ökonomie der Nachhaltigkeit – Handlungsfelder für Politik und Wirtschaft. Verlag für Sozialwissenschaften, Wiesbaden

[12] Deutscher Bundestag (1998) Abschlussbericht der Enquete-Kommission „Schutz des Menschen und der Umwelt"

[13] Ebert, T.; Essig, N. und Hauser, G. (2010) Zertifizierungssysteme für Gebäude, Detail, Green Books, München

[14] Graubner, C.A.; Lützkendorf, T. (2008) Bewertung und Zertifizierung der Nachhaltigkeit von Gebäuden. Mauerwerk – Zeitschrift für Technik und Architektur; 12. Jahrgang, Heft 2, S. 53-60

[15] König, H.; Kohler, N.; Kreißig, J. und Lützkendorf, T. (2009) Lebenszyklusanalyse in der Gebäudeplanung – Grundlagen, Berechnung, Planungswerkzeuge, Detail, Green Books, München

[16] SIA (2004) SIA-Empfehlung 112/1 – Nachhaltiges Bauen – Hochbau

[17] Hamburg – Behörde für Stadtentwicklung und Umwelt (2011) Leitfaden Nachhaltigkeitsorientierte Architekturwettbewerbe

[18] BMVBS (2011) Bewertungssystem Nachhaltiges Bauen – Büro und Verwaltung

12 Autor

Prof. Dr.-Ing. habil. Thomas Lützkendorf
Lehrstuhl für Ökonomie und
Ökologie des Wohnungsbaus
Karlsruher Institut für Technologie (KIT)
Kaiserstr. 12
76128 Karlsruhe

Methoden und Ergebnisse der Ökobilanzierung

Bruno Hauer

Zusammenfassung

Die Methode der Ökobilanz ist ein mächtiges Instrument der umweltbezogenen Nachhaltigkeitsbewertung. Sie erlaubt die Abschätzung der potenziellen Umweltwirkungen eines Produktsystems über seinen ganzen Lebensweg, d. h. vom Rohstoffabbau über die Herstellung und die Nutzung bis zur Entsorgung oder dem Übergang in einen neuen Lebensweg. Damit können Umweltwirkungen aufgezeigt, Varianten verglichen und Verbesserungspotenziale erschlossen werden. Die Durchführung von Ökobilanzen erfordert Entscheidungen, die transparent und begründet getroffen werden sollten. Regelwerke wie die europäische Normung zum nachhaltigen Bauen führen künftig zu einer Verringerung der Entscheidungsspielräume in der Ökobilanzierung im Bauwesen. Die Normung soll dadurch auch die abgestimmte Erstellung von Umweltproduktdeklarationen von Bauprodukten ermöglichen, deren Kerninhalt ökobilanzielle Baustoffprofile darstellen. Solche Baustoffprofile dienen als Bausteine für die weitergehende Bewertung von Bauteilen und Bauwerken, die letztlich den gewünschten Nutzen im Bauwesen bereitstellen. Aufgrund der im Allgemeinen langen Lebensdauer von Bauwerken müssen für die Analyse der Nutzungsphase oft wichtige Annahmen getroffen werden, die in Szenarien zusammengefasst sind. Bei der entsprechenden Wahl der Szenarien wird beispielswiese die Bedeutung des flexiblen Bauens deutlich. Für Wohn- und Bürogebäude ist die Nutzungsphase für die Ökobilanz des gesamten Lebensweges in der Regel dominant, bei Ingenieurbauwerken tritt sie in ihrer Bedeutung für die Ökobilanz oft etwas zurück. Gleichwohl ist auch hier die dauerhafte Bereitstellung des gewünschten Nutzens vielfach wesentlich für das Gesamtergebnis.

1   Einleitung

Die Methode der Ökobilanz hat sich mehr und mehr als wichtiges Instrument der umweltbezogenen Nachhaltigkeitsanalyse etabliert. Prinzipiell in Bezug auf alle Produkte und Dienstleistungen einsetzbar wird die Methode insbesondere auch im Bauwesen genutzt.

Vielfach steht dabei das Bauwerk als das Endprodukt im Fokus, das letztlich den Nutzen des Bauens verkörpert. Dabei sind mit Blick auf die Bauwerkserstellung nicht nur die potenziellen Umweltwirkungen, die unmittelbar durch die Erstellung des Bauwerks verursacht sind, zu betrachten, sondern auch diejenigen, die mittelbar durch die Herstellung der Baustoffe verursacht sind, wie etwa die, die durch die Baustoffherstellung verursachten werden. Zu diesem ganzheitlichen Blick gehört zudem die Betrachtung des ganzen Lebensweges, d.h. von dem Abbau der Rohstoffe und Energieträger, über die Transporte der Materialien, die eigentliche Bauwerkserstellung, die Nutzung der Bauwerke bis hin zum Abbruch und der Entsorgung der Baustoffe bzw. ihrer Übergabe in ihren neuen Lebensweg. Nur so kann eine vollständige ganzheitliche Analyse und Optimierung vollzogen werden.

Es werden aber auch Bauteile oder Bauprodukte wie Zement oder Beton in ökobilanziellen Studien betrachtet. Die Ergebnisse können zur Untersuchung und Verbesserung der jeweiligen Herstellungsprozesse genutzt werden, sie können aber auch als Baustein für die genannten weitergehende Analysen von Bauwerken dienen. Der vorliegende Beitrag soll die Methoden und Ergebnisse der Ökobilanzierung insbesondere mit Blick auf das Bauwesen und damit auf Bauwerke, Bauteile und Bauprodukte skizzieren.

2   Die Methode der Ökobilanz

2.1   Der prinzipielle Weg

Die grundlegenden Prinzipien, nach denen eine Ökobilanz zu erstellen ist, sind in den Normen ISO 14040 und ISO 14044 niedergelegt. Demnach setzt sich eine Ökobilanz aus den vier Bestandteilen Ziel und Untersuchungsrahmen, Sachbilanz, Wirkungsabschätzung und Auswertung zusammen.

In der Definition des Ziels müssen die Gründe für die Durchführung der Ökobilanz, die beabsichtigte Anwendung sowie die Zielgruppe genannt sein. Im Untersuchungsrahmen wird insbesondere die so genannte funktionelle Einheit festgelegt. Diese beschreibt den Nutzen und die Leistungsfähigkeit des betrachteten Produktsystems und muss auf das Ziel der Untersuchung abgestimmt sein. So kann für eine Farbe der überdeckte Quadratmeter Wandfläche eine geeignete funktionelle Einheit darstellen. Weitere Bestandteile des Untersuchungsrahmens sind neben der Festlegung der technischen Systemgrenze die Bestimmung des geographischen Bezugsraums (z. B. Deutschland), des Bezugszeitpunktes für die Herstellung (z. B. das Jahr 2012) sowie erforderlichenfalls eines Bezugszeitraumes für die Nutzung (z. B. 50 Jahre).

In der Sachbilanz werden für das betrachtete Produktsystem alle benötigten Ausgangsmaterialien, und Energieträger, sowie die damit verbundenen Emissionen und Abfälle zusammengestellt. Dabei werden in der Datensammlung prinzipiell auch alle benötigten Vorprodukte betrachtet und für sie alle Aufwendungen bis zur Schnittstelle zur Natur verfolgt. In einer vollständig durchgeführten Sachbilanz stehen damit idealerweise am Ende nur noch nicht weiterverarbeitete Rohstoffe und Energieträger, wie sie für das Produktsystem der Natur entnommen werden, sowie Emissionen und Stoffe, wie sie aus dem Produktsystem in die Natur entlassen werden.

Für diese Sachbilanzdaten ist es dann in der Wirkungsabschätzung möglich, sie zunächst einzelnen Umweltwirkungen zuzuordnen, d. h. zu klassifizieren. So tragen beispielsweise Kohlendioxid, Methan, Lachgas und weitere Gase zum anthropogenen Treibhauseffekt bei, der Verbrauch von Eisenerz oder Kalkstein kann hingegen dem abiotischen Ressourcenverbauch zugeordnet werden. Sofern hinreichend gute wissenschaftliche Modelle vorliegen, können dann in einer Charakterisierung die relativen Beiträge dieser Sachbilanzdaten zu einer Wirkungskategorie festgelegt werden. Das erlaubt eine Zusammenfassung aller Beiträge zu einer Wirkungskategorie in einer einzigen Zahl. So werden z. B. die Treibhausgase im Verhältnis zum bekanntesten Treibhausgas Kohlendioxid charakterisiert. 1 kg Methan ist demnach in Bezug auf den Treibhauseffekt fünfundzwanzigmal wirksamer als 1 kg Kohlendioxid, 1 kg Lachgas ist rund dreihundertmal wirksamer als 1 kg Kohlendioxid. Weitere optionale Schritte der Wirkungsabschätzung, die sich anschließen können, sind die Normierung, die Ordnung und die Gewichtung. Die Normierung ist die Berechnung der Größenordnung der Wirkungsindikatorwerte in Bezug auf Referenzdaten. So kann beispielsweise der Beitrag eines Produktsystems zum Treibhauseffekt in Bezug auf den durchschnittlichen Beitrag eines Bundesbürgers zu dieser Umweltwirkung gesetzt werden. Ist der so normierte Wert dann größer als der entsprechend normierte Wert für den Ozonabbau, so trägt das Produktsystem für deutsche Verhältnisse zum Treibhauseffekt relativ mehr bei als zum Ozonabbau. Eine Ordnung ist insbesondere die Einordnung von Indikatoren in Gruppen oder eine Rangfolge mit Blick auf eine unterschiedlich eingeschätzte Bedeutung der einzelnen Umweltwirkungen. Eine solche Ordnung setzt eine persönliche Werthaltung voraus, so dass verschiedene Personen bei gleicher Datenlage durchaus zu unterschiedlichen

Ergebnissen kommen können. Dies gilt auch im Falle einer Gewichtung, bei der die Bedeutung der einzelnen Indikatoren durch Zahlenwerte ausgedrückt werden.

In der Auswertung werden schließlich aufbauend auf einer Identifizierung der wesentlichen Parameter und die Beurteilung der Qualität der gesamten Studie Schlussfolgerungen und Empfehlungen ausgesprochen, die auch die Einschränkungen für die Aussagekraft der Ergebnisse berücksichtigen sollen.

2.2 Entscheidungsmöglichkeiten

Die Gewichtung ist wahrscheinlich das offensichtlichste Beispiel dafür, dass in der Durchführung einer Ökobilanz Entscheidungen getroffen werden, die das Ergebnis maßgeblich beeinflussen können. Es gibt jedoch auch andere Punkte in einer Ökobilanz, bei denen das Ergebnis beeinflussende Entscheidungen getroffen werden, die sich zumindest teilweise auch nicht umgehen lassen.

Eine wesentliche Entscheidungsmöglichkeit stellt die Wahl der sog. Allokation, also der Zuteilung von Umweltwirkungen dar, wie sie z. B. im Fall der unvermeidlichen Produktion von mehreren Produkten in einem einzigen Herstellungsprozess erforderlich wird. Dann muss nämlich entschieden werden, wie die mit diesem Prozess verbundenen Rohstoff- und Energieverbräuche und die dort entstehenden Emissionen den einzelnen Produkten zugeordnet werden. Ein typisches Beispiel stellt etwa die Raffinerie dar, in der eine Vielzahl von Erdölprodukten gemeinsam hergestellt wird und wo es nicht von vornherein klar ist, welche Anteile der Emissionen etwa dem produzierten Benzin, dem Heizöl oder dem anfallenden Bitumen anzulasten sind. Für solche Koppelprodukte stehen unterschiedliche Allokationsverfahren zur Wahl, die Entscheidung für ein bestimmtes Allokationsverfahren muss dann in dem speziellen Fall jeweils begründet werden.

Auch sind die zu betrachtenden Wirkungskategorien auszuwählen sowie die Charakterisierungsmodelle, mit denen die unterschiedlichen Beiträge der Sachbilanzen zu einer Wirkungskategorie bestimmt werden. Idealerweise würden natürlich alle Umweltwirkungen betrachtet, doch besteht nicht für jede Umweltwirkung in der Fachwelt Konsens über das richtige Charakterisierungsmodell zur Zusammenfassung der dazugehörigen Sachbilanzdaten. Daher werden in vielen Studien nur Wirkungskategorien mit allgemein akzeptierten Charakterisierungsmodellen betrachtet. Das hat zur Folge, dass beispielsweise die Emissionen von giftigen Substanzen im Lebenszyklus in vielen Studien zwar in der Sachbilanz aufgeführt werden, in der Wirkungsabschätzung sich aber oft kein zusammenfassender Indikator zur Toxizität findet, da hier das geeignete Modell noch umstritten ist und daher die Berechnung leicht zu Fehlinterpretationen führen könnte. Auch die Zusammenfassung des Rohstoffverbrauchs in einem Indikator, der die unterschiedliche Knappheit der verbrauchten Rohstoffe wiederspiegelt, wurde bislang häufig aufgrund eines mangelnden Konsenses über die Charakterisierungsmodelle nicht durchgeführt. Weitere Beispiele für Entscheidungsmöglichkeiten sind die Wahl der Systemgrenzen und die Ausgestaltung von Szenarien, wenn wie im Bauwesen Produkte über einen lange und prinzipiell unsichere Zukunft hinweg betrachtet werden müssen.

Nicht zuletzt die genannten Entscheidungsmöglichkeiten haben teilweise zu dem Eindruck geführt, dass Ökobilanzen in ihrem Ergebnis manipulierbar sind. Dabei ist aber zu bedenken, dass die genannten Punkte von dem Ökobilanzierer eine Entscheidung erfordern, die er vielfach nicht umgehen kann. Der Schutz gegen den Vorwurf der Willkür liegt dann in der Transparenz und der guten Begründung der getroffenen Wahl. Falls die Entscheidung das Ergebnis wesentlich beeinflussen kann, empfiehlt es sich zudem eine Sensitivitätsanalyse durchzuführen, um den Einfluss auf das Ergebnis durch die Wahl anderer Annahmen überprüft wird. Eine über die allgemeinen Normen zur Ökobilanz hinausgehende Regelung und Normung in Bezug auf bestimmte Anwendungsbereiche, wie z. B. das Bauwesen, kann die Entscheidungsspielräume wesentlich reduzieren.

2.3 Allgemeine Möglichkeiten und Grenzen der Methode

Die Methode der Ökobilanz ist nicht zuletzt aufgrund des ganzheitlichen Ansatzes ein mächtiges Instrument, um ein Produktsystem einer umweltbezogenen Nachhaltigkeitsbewertung zu unterziehen. Die Möglichkeiten der Methode können wie folgt zusammengefasst werden:

- Ökobilanzen stellen Informationen zu potenziellen Umweltwirkungen eines Produktes bereit
- Ökobilanzen machen die Bedeutung der einzelnen Beiträge im Lebensweg eines Produktes transparent
- Ökobilanzen können den Weg zu Verbesserungen von Produkten und Produktionsprozessen zeigen
- Ökobilanzen erlauben den Vergleich von funktionell gleichen Varianten

Zugleich sind aber auch die Grenzen der Methode nicht außer Acht zu lassen:

- Ökobilanzen können nicht alle Umweltwirkungen abbilden
- Die Durchführung von Ökobilanzen erfordert Entscheidungen, die das Ergebnis maßgeblich beeinflussen können

- Ökobilanzen sind von Randbedingungen abhängig, die eine Verallgemeinerung von Ergebnissen behindern
- Das Ergebnis einer Ökobilanz ist oft nicht eindeutig, da die untersuchten Alternativen in unterschiedlichen Umweltwirkungen Vor- und Nachteile aufweisen können

Letztlich kann die Methode erst unter Beachtung dieser Restriktionen zu korrekten Schlüssen führen.

3 Ökobilanzen im Bauwesen

3.1 Das Bauwerk als Endprodukt

Im Bauwesen sind die Bauwerke die Endprodukte, die den gewünschten Nutzen bereitstellen und für die eine Betrachtung über den ganzen Lebensweg möglich ist. Dies gilt unabhängig davon, ob es sich um Wohngebäude, Brücken oder Wasserleitungssysteme handelt. Wird der ganze Lebensweg betrachtet, sind in der Regel in Szenarien Annahmen insbesondere zur Nutzungsphase - beispielsweise zu Instandhaltungszyklen - zu treffen, um zu einem vollständigen Ergebnis zu kommen. Diese Annahmen bieten dabei ebenfalls unvermeidlich Entscheidungsspielräume, die transparent und begründet ausgefüllt werden müssen.

Auch einzelne Bauteile können ggf. über den ganzen Lebensweg betrachtet werden, wenngleich hierbei als Randbedingung das Zusammenspiel mit anderen Bauteilen im Bauwerk zu beachten ist. Baustoffe stellen hingegen im Allgemeinen keine sinnvolle funktionelle Einheit dar, da ihr Nutzen ohne den Zusammenhang mit dem konkreten Einsatz im Bauwerk nicht hinreichend klar umrissen ist.

3.2 Der zersplitterte Herstellungsprozess

Ökobilanzen für die Herstellung von Baustoffen und ganz allgemein von Bauprodukten sind jedoch dennoch erforderlich, da sie für die Ökobilanzierung von Bauteilen und Bauwerken benötigt werden. Wie das Bauwerk durch das Zusammenfügen der einzelnen Bauprodukte entsteht, kann im Prinzip auch die Ökobilanz der Bauwerkserstellung im Wesentlichen durch die Zusammenführung der Ökobilanzdaten der verwendeten Bauprodukte ermittelt werden. Hinzu kommen die ökobilanziellen Daten für die Transporte der Bauprodukte zur Baustelle und für die Aufwendungen auf der Baustelle. Wie der Gesamtprozess der Herstellung eines Bauwerks so quasi zersplittert ist in eine Vielzahl von Prozessen von der Herstellung der Bauprodukte, ihrer Transporte sowie die eigentliche Errichtung des Bauwerks, so kann auch die Ökobilanz in Teil-Ökobilanzen aufgeteilt werden. Dies erfordert allerdings eine Abstimmung in der Erstellung der einzelnen Ökobilanzmodule, damit sie zueinander passend ermittelt und bereitgestellt werden. So müssen beispielsweise zueinander passende Systemgrenzen gewählt werden, damit nicht etwa der Transport von einem Werk zur Baustelle unberücksichtigt bleibt. Auch muss z. B. geklärt sein, welche Indikatoren nach welchem Charakterisierungsmodell berechnet werden, damit die ermittelten Datensätze zueinander passen.

3.3 Regelsetzung und Normung

In der Vergangenheit wurden zunächst auf nationaler Ebene solche Regeln entwickelt. Vorreiter im Bauwesen in Deutschland war das Projekt „Ganzheitliche Bewertung von Baustoffen und Gebäuden", das in den neunziger Jahren von der Universität Stuttgart unter maßgeblicher Beteiligung der Baustoffindustrie durchgeführt wurde [1]. Dieses Projekt führte zu einer ersten Festlegung von branchenübergreifenden Regeln, die im Wesentlichen in [2] niedergelegt wurden. Diese Regeln sind dadurch auch Ausgangspunkt in der Durchführung vieler Projekte geworden, so auch für das DAfStb-Vorhaben „Nachhaltig Bauen mit Beton" [3, 4]. Vor allem waren sie aber auch eine wesentliche Grundlage für die Erarbeitung der deutschen Stellungnahmen zur europäischen Normungsarbeit zum nachhaltigen Bauen, die sich bei der umweltbezogenen Betrachtung insbesondere auf die Methode der Ökobilanz stützt. Auf der Ebene der Bauprodukte mündete diese Normungsarbeit aktuell in der Herausgabe der Endentwurfs FprEN 15804 zu den „Grundregeln für die Produktkategorie Bauprodukte". Dem stehen die Berechnungsregeln auf Gebäudeebene zur Seite, die in EN 15978 niedergelegt sind. Der allgemeine Rahmen wird durch die Norm 15643 gesteckt, in dem die Rahmenbedingungen für die integrierte Bewertung der Qualität von Gebäuden niedergelegt sind. Dieses Normenpaket soll künftig sicherstellen, dass auch auf europäischer Ebene ein Konsens über das Vorgehen im Bauwesen herrscht, die eine Zusammenführung der Daten aus unterschiedlichen Quellen zur Betrachtung eines Gebäudes erlaubt.

4 Ökobilanzielle Daten von Bauprodukten

4.1 Baustoffprofile

Schon das Ziel des Projektes „Ganzheitliche Bilanzierung von Baustoffen und Gebäuden" war die Bereitstellung von nach konsistenten Regeln ermittelten Datensätzen für Baustoffe, so genannten Baustoffprofilen. Solche Baustoffprofile wurden für eine Vielzahl von Bauprodukte zusammengestellt, u. a. auch bezogen auf eine Tonne Zement sowie auf einen Kubikmeter Beton für die gängigsten Betondruckfestigkeitsklassen. Diese Daten wurden aber trotz der systematischen Aufbereitung zunächst nur in wenigen Fällen für die Bilanzierung ganzer Gebäude genutzt.

In Zusammenarbeit mit dem Bundesverband der Deutschen Transportbetonindustrie wurden diese Baustoffprofile für das Bezugsjahr 2006 neu bestimmt und für das DAfStb-Vorhaben „Nachhaltig Bauen mit Beton" zur Verfügung gestellt [4, 5]. Tabelle 1 zeigt die Werte für jeweils einen Kubikmeter Beton für die drei Betondruckfestigkeitsklassen C 20/25, C 25/30 sowie C 30/37. Der Anteil der Betone dieser Betondruckfestigkeitsklassen am Transportbetonmarkt beträgt rund 80%.

Tab. 1:　Baustoffprofil Transportbeton für die drei Betondruckfestigkeitsklassen C 20/25, C 25/30 und C 30/37 (Bezugsjahr: 2006, Bezugsgröße 1 m³) [4, 5]

Parameter	C20/25	C25/30	C30/37
Primärenergie nicht erneuerbar [MJ]	1024	1108	1196
Primärenergie erneuerbar [MJ]	19,3	20,9	22,5
Treibhauspotenzial (GWP) [kg CO_2-Äq.]	196,3	216,5	237,1
Ozonabbaupotenzial (ODP) [kg R11-Äq.]	5,33E-6	5,80E-6	6,29E-6
Versauerungspotenzial (AP) [kg SO_2-Äq.]	0,356	0,385	0,415
Eutrophierungspotenzial (EP) [kg PO_4-Äq.]	0,0501	0,0540	0,0582
Photooxidantienpotenzial (POCP) [kg C_2H_4-Äq.]	0,0362	0,0394	0,0427

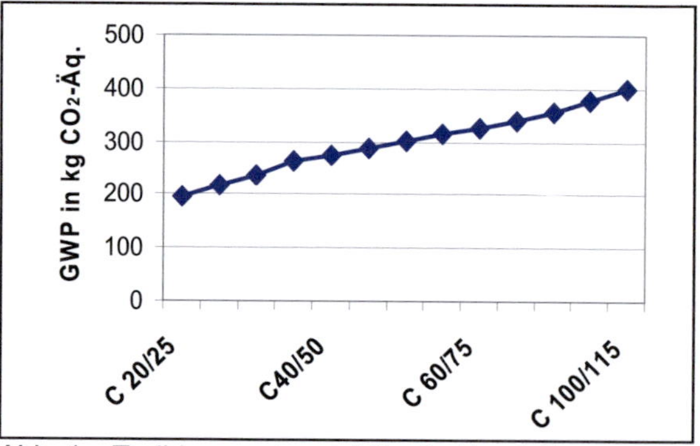

Abb. 1:　Treibhauspotenzial für die Herstellung von einem Kubikmeter Transportbeton in Abhängigkeit von der Betondruckfestigkeitsklasse [4]

In Abbildung 1 ist das Treibhauspotenzial für einen Kubikmeter Beton auch für höhere Betondruckfestigkeiten aufgeführt wie es anhand typischer Rezepturen für das DAfStb-Verbundvorhaben "Nachhaltig Bauen mit Beton" ermittelt wurden [4]. Die zugrundliegenden Rezepturen konnten allerdings nicht wie für die zuvor genannten Betondruckfestigkeitsklassen statistisch abgesichert werden. Das mit steigender Betondruckfestigkeit ansteigende Treibhauspotenzial in Bezug auf einen Kubikmeter Beton überrascht nicht, da dies nicht zuletzt aufgrund der ansteigenden Zementgehalte nicht anders zu erwarten ist. Aufgrund der ebenfalls gestiegenen Leistungsfähigkeit der Betone wird man diesen deswegen aber keine geringere Umweltleistung zusprechen können.

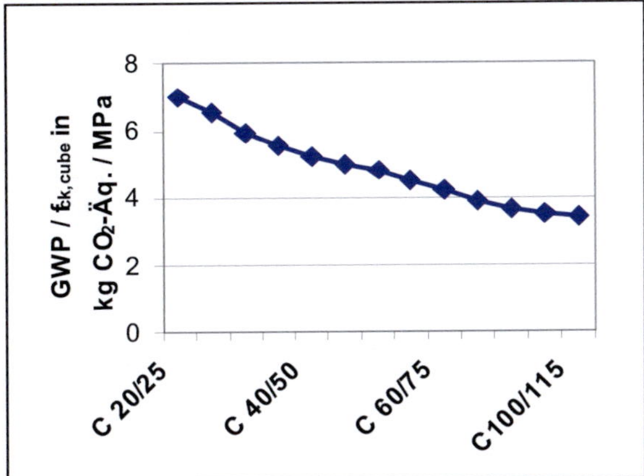

Abb. 2:   Spezifisches Treibhauspotenzial für die Herstellung von einem Kubikmeter Transportbeton bezogen auf 1 MPa Druckfestigkeit in Abhängigkeit von der Betondruckfestigkeitsklasse [4]

Abbildung 2 zeigt das Treibhauspotenzial bezogen auf die erzielte Betondruckfestigkeit in MPa, die eher eine verbesserte Umweltleistung der höherfesten Betone nahelegt. Allerdings reicht auch eine solche Darstellung nicht aus, um einen korrekten Bezug zum Nutzen des Baustoffs herzustellen, vielmehr müssen weitere Parameter wie die Dauerhaftigkeit der Betone und nicht zuletzt auch die Randbedingungen des Einsatzes im konkreten Bauwerk beachtet werden.

4.2   Umweltdeklarationen für Produkte (EPDs)

Baustoffprofile sind prinzipiell geeignet, um als Bausteine für die weitergehende Betrachtung von Bauwerken zu dienen. Seit geraumer Zeit nutzen jedoch Baustoffhersteller Umweltdeklarationen für Produkte (engl.: Environmental Product Declarations / EPDs), um diese Informationen bereitzustellen. Kernstück dieser so genannten EPDs sind Baustoffprofile. Sie werden jedoch insbesondere in Deutschland ergänzt durch die Bereitstellung weiterer Informationen. So kann eine EPD Anwendungs- und Verarbeitungshinweise, Informationen zum Gesundheitsschutz, zur

Recyclingfähigkeit und Angaben für den Fall außergewöhnlicher Belastungen, wie den Brandfall enthalten. So werden Umwelt-Produktdeklaration über die Vermittlung der ökobilanziellen Daten hinaus zu einem umfassenden Informationsinstrument für umweltbezogene Aspekte von Bauprodukten. In Deutschland werden solche EPDs durch das Institut für Bauen und Umwelt e. V. (ibu) herausgegeben [6]. Dabei erfolgt die Herausgabe auf Grundlage der Norm ISO 14025, in der die Grundlagen für solche Umwelt-Produktdeklarationen (Umweltkennzeichnungen des Typs III) festgelegt sind und die auch Aspekte der Durchführung wie z. B. die Prüfung der EPDs durch unabhängige Dritte beinhaltet. Künftig wird eine deutlich stärkere Reglementierung durch die oben genannte Norm EN 15804 erfolgen, die zu einer europäischen Vereinheitlichung der Entwicklung und Ausgestaltung von EPDs für Bauprodukte führen soll.

4.3   Datenbanken und Programme

Die ökobilanziellen Daten von Baustoffen und Bauprodukten werden auch in Datenbanken gesammelt. Dies geschieht zum einen in üblichen Ökobilanzprogrammen wie beispielweise der GaBi-Software [7], die nicht nur für das Bauwesen nutzbar ist, aber auch ein spezielles Modul zum Bauwesen enthält. Ökobilanzielle Baustoffdaten wurden auch vom BMVBS in der Datenbank ökobau.dat zusammengestellt, um eine konsistente Datenbasis für die Bewertung nachhaltigen Bauens in Deutschland zur Verfügung zu stellen [8]. Solche aus Wirkungsabschätzungen stammenden Daten können dann prinzipiell auch von Softwaretools verwendet werden, die wie die Programme bauloop [9] und LEGEP [10] die Berechnung der ökobilanziellen Kenngrößen von Konstruktionen bzw. Gebäuden zur Aufgabe haben, wenngleich solche Programme in der Vergangenheit auch vielfach in ihren Berechnungen von Sachbilanzdaten ausgegangen sind.

5   Ökobilanzen von Bauwerke

5.1   Nutzen und Nutzungsszenarien

Die Informationen der Umwelt-Produktdeklaration dienen i. Allg. zunächst als Baustein für die Beschreibung der Bauwerkserstellung, in die zusätzlich zu den Angaben auf Produktherstellung auch die Aufwendungen der Baustelle eingehen. Erst das Bauwerk stellt in der Regel den Nutzen dar, der in einer vollständigen Ökobilanz betrachtet wird.

In einem Zwischenschritt ist es ggf. auch sinnvoll, die Ökobilanz eines Bauteils zu untersuchen. Ein Beispiel dafür stellt die Ökobilanzierung von Betonbauteilen dar, wie sie durch den Bundesverband der Betonindustrie am Beispiel von Bodenplatten, Kelleraußenwänden und Decken durchgeführt wurde [11]. In der Untersuchung wurden verschiedene Varianten beispielweise für die Ausführung der Bewehrung betrachtet, um die Einflüsse auf die mit der Bauteilerstellung verbundenen potenziellen Umweltwirkungen aufzuzeigen. In diesen Beispielen wird aber die Nutzungsphase nicht einbezogen.

Die Bauwerksbetrachtung benötigt jedoch zusätzlich insbesondere die Analyse der Umweltinanspruchnahme durch die Bauwerksnutzung, die in der Regel die der Bauwerkserstellung um ein Mehrfaches übersteigt. Im Prinzip sind auch Abbruch und Recycling des Bauwerks mit zu betrachten. Da aber die in der Regel langjährige Nutzung und erst recht das Recycling in der Zukunft liegen und dadurch im Detail unbestimmt sind, müssen Annahmen getroffen werden, um die Ökobilanz vollständig durchführen zu können. Die so in einem Fall getroffenen Annahmen bilden gemeinsam ein Szenario, für das die Untersuchung gültig ist. Auch hier ist wieder zu beachten, dass die Annahmen Entscheidungen darstellen, die auch anders getroffen werden könnten.

5.2 Das Beispiel „Stadtbaustein"

Der so genannte „Stadtbaustein" stellt ein Beispiel für die ökobilanzielle Untersuchung eines Bauwerks im DafStb-Verbundvorhaben „Nachhaltig Bauen mit Beton" dar. Es handelt sich um ein fiktives Bürogebäude mit einer Tragstruktur aus Beton und einer integrierten Tiefgarage. Gerade bei langlebigen Bauwerken spielt die Ausnutzung der aufgrund der Qualität des Bauwerks möglichen technischen Lebensdauer eine wesentliche Rolle. Dabei ist es wichtig, dass nicht ein vorzeitiges Ende der Nutzung beispielsweise aufgrund einer beabsichtigten, aber nur mit sehr hohem Aufwand im Bestand durchführbaren Nutzungsänderung erfolgt. Eine flexible Tragstruktur muss demnach eine einfache Veränderung von Grundrissen sowie der Haus- und Gebäudetechnik bei Nutzungsänderungen innerhalb der technischen Gebäudelebensdauer ermöglichen. Chancen für das nachhaltige Bauen können hier auch in der Bauteilgestaltung liegen, wie sie beispielsweise bei der Weiterentwicklung von flexiblen Tragstrukturen zum Tragen kommen [12, 13]. Der Stadtbaustein als Ausschnitt aus einer möglichen größeren städtischen Gebäudestruktur konkretisiert die Flexibilität in Bezug auf die Nutzung. Anhand dieses Beispiels wurde u. a. ein erster Lösungsansatz für eine Deckenkonstruktion im Hinblick auf eine flexible Gebäudenutzung entwickelt (Abbildung 3).

Die umgedrehte vorgefertigte Stegplatte hat eine glatte Deckenuntersicht und bietet zwischen den Stegen Platz für die Integration von Gebäudetechnikleitungen. Durch das geringe Eigengewicht lassen sich große Spannweiten und damit eine hohe Flexibilität der Raumaufteilung erreichen. Dadurch kann man annehmen, dass auch bei einer gravierenden Nutzungsänderung wie sie beispielweise der Wechsel von einer Büro- zu einer Wohnnutzung darstellt, durch einen Umbau gut zu bewältigen ist.

Abb. 3: Deckenkonstruktion mit integrierter Gebäudetechnik [13]

Im Unterschied dazu erscheint für eine herkömmlichen Bauweise, die in deutlich höherem Maße tragende Wände bzw. Stützen benötigt sowie eine inflexiblere Infrastruktur besitzt, ein Abriss der Struktur und ein Neubau wahrscheinlich. Diese Annahmen gehen in die Ökobilanz des Stadtbausteins ein, dem eine Abfolge von zwei verschiedenartigen Büronutzungen und einer abschließenden Wohnnutzung als Nutzungsszenario zugrunde liegt (Abbildung 4).

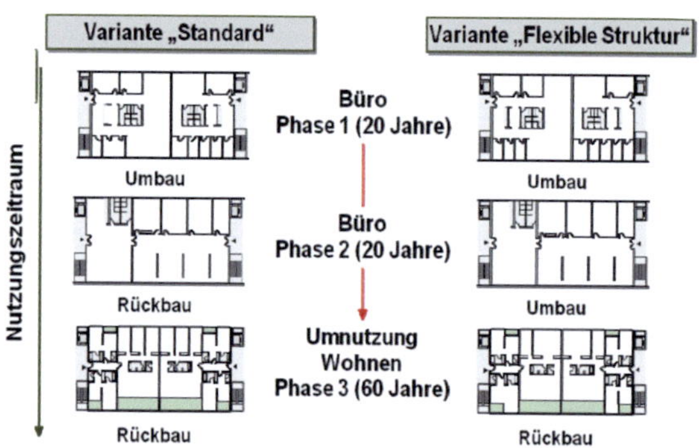

Abb. 4: Nutzungsszenario des Stadtbausteins [13]

Die ökobilanzielle Analyse zeigt zunächst, dass in der Erstellung der flexiblen Struktur der Zugewinn an Flexibilität nicht ohne einen Mehraufwand auch in ökologischer Hinsicht erfolgen kann. Abbildung 5 zeigt die potenziellen Umweltwirkungen im Vergleich von Standardstruktur und flexibler Struktur, wobei sowohl eine Standardvariante für das Wohngebäude als auch eine für das Bürogebäude untersucht wurde. Betrachten man jedoch den ganzen Lebensweg für das in Abbildung 4 dargestellte Szenarios, zeigt sich eine deutliche Verbesserung der Ökobilanz durch die flexible Struktur (Abbildung 6). Die Mehraufwendungen in der Herstellungsphase werden deutlich durch die Einsparungen in der Nutzungsphase aufgrund des vermiedenen Rückbaus kompensiert.

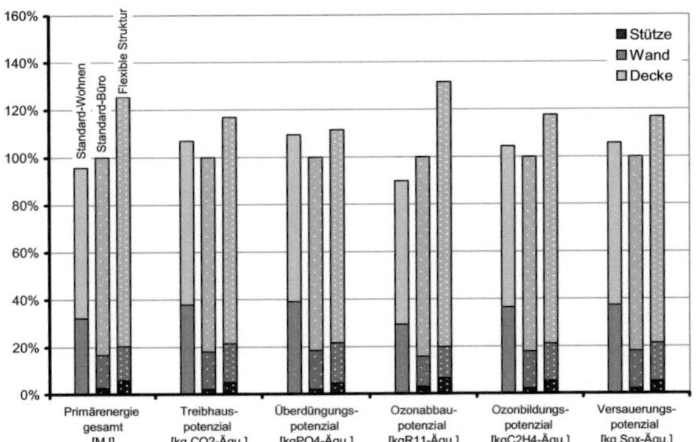

Abb. 5: Wirkungskategorien für die Herstellung der drei Tragstrukturen (ohne UG) getrennt für die unterschiedlichen Bauteile [13]

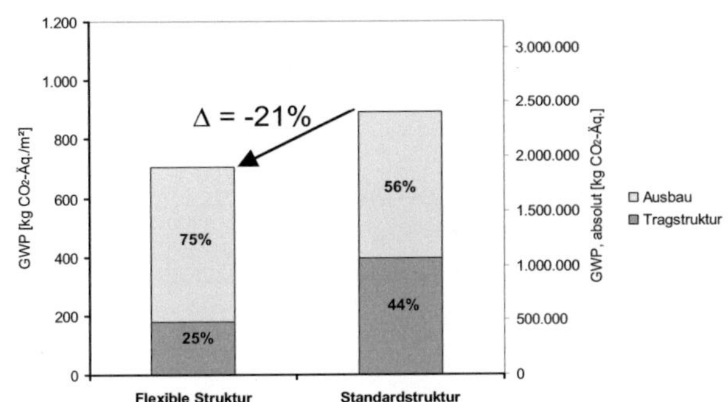

Abb. 6: Treibhauspotenzial über den gesamten Lebenszyklus für die flexible Struktur und die Standardstruktur (ohne Betrieb) [13]

Absolut gesehen als von noch größerer Bedeutung erweisen sich auch in diesem Fall die Aufwendungen für den Betrieb, wie beispielsweise für Heizung und Kühlung, die über den langen Nutzungszeitraum die Aufwendungen für die Bauwerkserstellung und -erhaltung im Beispiel des Stadtbausteins um ein Mehrfaches übertreffen. So ergibt sich für den hier gewählten Betrachtungszeitraum von 100 Jahren auf Grundlage einer Ausführung gemäß der Anforderungen der Energieeinsparverordnung in der Fassung vom Jahr 2007, dass für die flexible Struktur über 90 % des Treibhauspotenzials auf die Nutzungsphase und dabei über 80% auf den Betrieb entfallen. Es ist allerdings zu erwarten, dass sich diese Situation im Laufe der Jahre durch die immer größeren Anstrengungen zur Energieeinsparung ändern wird, so dass der Bauwerkserstellung und -erhaltung eine steigende Bedeutung mit Blick auf die Ergebnissen einer Ökobilanz über den ganzen Lebenszyklus zukommen wird.

5.3 Betrachtung von Ingenieurbauwerken

In Ökobilanzen zu Ingenieurbauwerken wie beispielsweise Brücken stehen im Unterschied zur Betrachtung von Gebäuden die Aufwendungen der Nutzer, etwa der Verkehrsteilnehmer, im Lebenszyklus vielfach im Hintergrund, auch wenn etwa die

Vorteile der kürzeren Verkehrsverbindung durchaus in ökologischer Hinsicht von Interesse ist. Allerdings bleibt auch dann für diese Bauwerke die Güte des Entwurfs und der Ausführung mit Blick auf die Nutzungsphase wesentlich. So hat beispielsweise Lünser in einer ökobilanziellen Studie zu Fußgängerbrücken gezeigt, dass die Wahl des Baustoffes Holz in der Ökobilanz für die Erstellung der Brücke einen positiven Effekt zeigt, dass dies jedoch bei einer Brücke in Betonbauweise ggf. durch eine entsprechend längere Nutzungsdauer ausgeglichen werden kann [14]. Auch in diesem Fall spielt die vollständige Betrachtung des Lebenszyklus eine wichtige Rolle. Insbesondere kann hier die Annahme über die technische Lebensdauer der Bauwerke das Ergebnis wesentlich beeinflussen.

6 Ausblick

Das nachhaltige Bauen hat in den letzten Jahren einen Auftrieb erfahren, der sich auch auf die Durchführung von Ökobilanzierung im Bauwesen auswirkt: die Zahl der Studien und Analysen nimmt zu, es werden in steigendem Maße Umwelt-Produktdeklarationen für Bauprodukte von der Industrie bereitgestellt, die Normung zum nachhaltigen Bauen führt zu einem konsistenteren Regelwerk. Gleichwohl ist zu erwarten, dass auch weiterhin das Ringen um die angemessenen Entscheidungen in der Ökobilanzierung fortgeführt wird. Die korrekte Einbeziehung der Dauerhaftigkeit von Bauteilen erscheint in diesem Zusammenhang noch problematisch. Weitere Indikatoren werden mit der Zeit in die Betrachtung dazu treten; so sieht z. B. die Norm FprEN 15804 jetzt schon die Berücksichtigung des Ressourcenverbrauchs aufgrund des Abbaus von abiotischen Rohstoffen vor. Sehr häufig wird die Ökobilanz aufgrund der Vielzahl der Parameter auch künftig keine einfachen Lösungen bieten. Wenn sie aber korrekt durchgeführt wird, kann die Methode in jedem Fall einen tieferen Einblick auf die wesentlichen Einflüsse liefern, der zu einem nachhaltigeren Bauen führen sollte.

7   Literatur

7.1   Literaturhinweise

[1]   Eyerer, P., Reinhardt, H.-W. (2000) Ökologische Bilanzierung von Baustoffen und Gebäuden. Wege zu einer ganzheitlichen Bilanzierung. Birkhäuser-Verlag, Heidelberg

[2]   Bundesverband Steine und Erden e. V. / S+E (Hrsg.) (1997) Leitfaden zur Erstellung von Sachbilanzen in Betrieben der Steine-Erden-Industrie. S+E, Frankfurt a. M.

[3]   Deutscher Ausschuss für Stahlbeton / DAfStb (Hrsg.) (2007) Schlussberichte zur ersten Phase des DAfStb/BMBF-Verbundforschungsvorhabens „Nachhaltig Bauen mit Beton". Schriftenreihe des Deutschen Ausschuss für Stahlbeton, Heft 572. Beuth-Verlag, Berlin, pp. 131-221

[4]   Hauer, B. et al. (2011) Potenziale des Sekundärstoffeinsatzes im Betonbau – Teilprojekt B. In: Deutscher Ausschuss für Stahlbeton / DAfStb (Hrsg.). Verbundforschungsvorhaben „Nachhaltig Bauen mit Beton". Schriftenreihe des Deutschen Ausschusses für Stahlbeton, Heft 584. Beuth-Verlag, Berlin, pp. 7-151

[5]   Bundesverband der Deutschen Transportbetonindustrie e. V. / BTB (Hrsg.) (2007) Ökobilanzielle Baustoffprofile von Transportbetonen der Druckfestigkeitsklassen C20/15, C25/30 und C30/37. BTB, Duisburg

[6]   Institut für Bauen und Umwelt (Hrsg.) (2012) http://bau-umwelt.de/hp1/Startseite.htm (Stand Februar 2012)

[7]   PE International GmbH (Hrsg.), LBP (2011): GaBi4 Software Systems and Life Cycle Databases für Engineering. LBP und PE, Stuttgart und Leinfelden-Echterdingen

[8]   Bundesministerium für Verkehr, Bau und Stadtentwicklung (2012) Baustoffdatenbank ökobau.dat Stand Januar 2012. http://www.nachhaltigesbauen.de/baustoff-und-gebaeudedaten/oekobaudat.html (Stand Februar 2012)

[9]   Graubner, C.-A. (2003) bauloop - ein Softwaretool für die Nachhaltigkeitsanalyse von Gebäuden. In: Graubner, C.-A., et al. (Hrsg.) Darmstädter Nachhaltigkeitssymposium. Institut für Massivbau, Technische Universität Darmstadt, Darmstadt.

[10] LEGEP Software GmbH (Hrsg.) (2012) http://www.legep.de/ (Stand Februar 2012)

[11] Bundesverband der Deutschen Transportbetonindustrie e. V. / BTB (Hrsg.) (2010) Ökobilanzielle Profile für Bauteile aus Transportbeton. BTB, Duisburg

[12] Hegger, J. et al. (2007) Ressourcen- und energieeffiziente, adaptive Gebäudekonzepte im Geschossbau – Teilprojekt C. In: Deutscher Ausschuss für Stahlbeton / DAfStb (Hrsg.). Schlussberichte zur ersten Phase des DAfStb/BMBF-Verbundforschungsvorhabens „Nachhaltig Bauen mit Beton. Schriftenreihe des Deutschen Ausschusses für Stahlbeton, Heft 572. Beuth-Verlag, Berlin, pp. 275-340

[13] Bleyer, T. et al. (2012) Der Stadtbaustein im DAfStb/BMBF-Verbundforschungsvorhaben "Nachhaltig Bauen mit Beton" - Dossier zu Nachhaltigkeitsuntersuchungen. Schriftenreihe des Deutschen Ausschusses für Stahlbeton / DAfStb, Heft 588. DAfStb, Berlin (in Vorbereitung)

[14] Lünser, H. (1999) Ökobilanzen im Brückenbau: Eine umweltbezogene ganzheitliche Bewertung. Birkhäuser-Verlag, Heidelberg

8   Autor

Prof. Dr. rer. nat. Bruno Hauer
Fakultät Allgemeinwissenschaften
Georg-Simon-Ohm-Hochschule Nürnberg
Keßlerplatz 12
90489 Nürnberg

Methoden des Lebenszyklusmanagements

Christoph Gehlen

Zusammenfassung

In diesem Beitrag wird vorgestellt, wie der Lebenszyklus eines Bauwerkes hinsichtlich seiner ökonomischen Qualität gesteuert und vergleichend beurteilt werden kann. Mit Hilfe der vorgestellten Methodik wird aber nicht nur die ökonomische Qualität von Bauwerken transparent erfasst, sondern auch eine wichtige Datengrundlage für weitere Beurteilungen geschaffen, z. B. mit Blick auf die ökologische Qualität des Bauprodukts.

1   Allgemeines

Die nachhaltige Entwicklung besitzt weltweit als Leitbild für die Zukunft eine herausragende Bedeutung. Das Bauwesen nimmt dabei eine besondere Stellung ein, da es wesentliche Bedürfnisse des Menschen wie Wohnen und infrastrukturelle Bedürfnisse befriedigt und zugleich große wirtschaftliche und für die Umwelt relevante Ressourcen damit verbunden sind.

Die Betonbauweise nimmt innerhalb des gesamten Bauwesens auf Grund der eingesetzten Mengen an Material, der großen Breite der Anwendungen und der in der Leistungsfähigkeit der Bauweise begründeten Entwicklungspotenziale eine herausragende technische und wirtschaftliche Stellung ein. Allein im Jahr 2008 wurden zum Beispiel rd. 41 Mio. m^3 Transportbeton in Deutschland hergestellt. Dies entspricht einem Umsatz von rd. 2,6 Mrd. Euro. Der Umsatz in der Zementindustrie betrug im gleichen Jahr rd. 2,3 Mrd. Euro bei einem nationalen Zementabsatz von rd. 35 Mio. t. Diese exemplarisch ausgewählten Zahlen verdeutlichen, dass insbesondere im Betonbau eine nachhaltige Entwicklung umgesetzt werden muss, wenn sie im Bauwesen auf breiter Ebene Wirkung entfalten soll.

Zugleich stellt die Forderung nach nachhaltigem Bauen für die Bauwirtschaft eine Chance dar, um von einem kurzsichtigen Kostenwettbewerb zu einem Qualitätswettbewerb zu kommen, der diesen langfristigen Zielen im Ergebnis gerecht wird. Nicht zuletzt die die Bauwirtschaft prägenden kleinen und mittleren Unternehmen (KMU's) können von einem solchen Wandel profitieren.

Mit Blick auf die Agenda 21 kommt es den am Betonbau beteiligten Industriepartnern darauf an, ökologische, ökonomische und soziale Bedürfnisse entlang der Wertschöpfungskette von der Rohstoffgewinnung über die Zement- und Betonherstellung bis zum Rückbau und Recycling insgesamt besser aufeinander abzustimmen.

Das übergeordnete Ziel von Systemen zur Bewertung von Nachhaltigkeit ist, die Qualität von Gebäuden und baulichen Anlagen in ihrer Komplexität zu beschreiben und zu bewerten. Die Bewertungssysteme sollen die Bedeutung gesellschaftlich anerkannter Ziele und Inhalte angemessen berücksichtigen und eine ausgewogene Bewertung ökologischer, ökonomischer, sozialer, funktionaler und technischer Aspekte bei gleichzeitiger Betrachtung der Qualität von Prozessen der Planung, Realisierung und Bewirtschaftung ermöglichen (siehe Abbildung 1). Des Weiteren können Standortmerkmale ausgewiesen werden.

Diese z.T. nun zu ordnenden Prozesse sollen mit der Planung beginnend über die Bauausführung, Nutzung, Wartung, Instandhaltung bis hin zum Abbruch von Gebäuden und baulichen Anlagen zu einer höheren Bauqualität führen.

In diesem Beitrag werden am Beispiel von Infrastrukturbauwerken die Aspekte der ökologischen und ökonomischen Qualität beleuchtet. Bei letzterem steht ein Lebensdauermanagementinstrument im Fokus, mit Hilfe dessen ökonomischen Lösungen hinsichtlich Herstellung und Erhalt von baulichen Anlagen identifiziert werden können

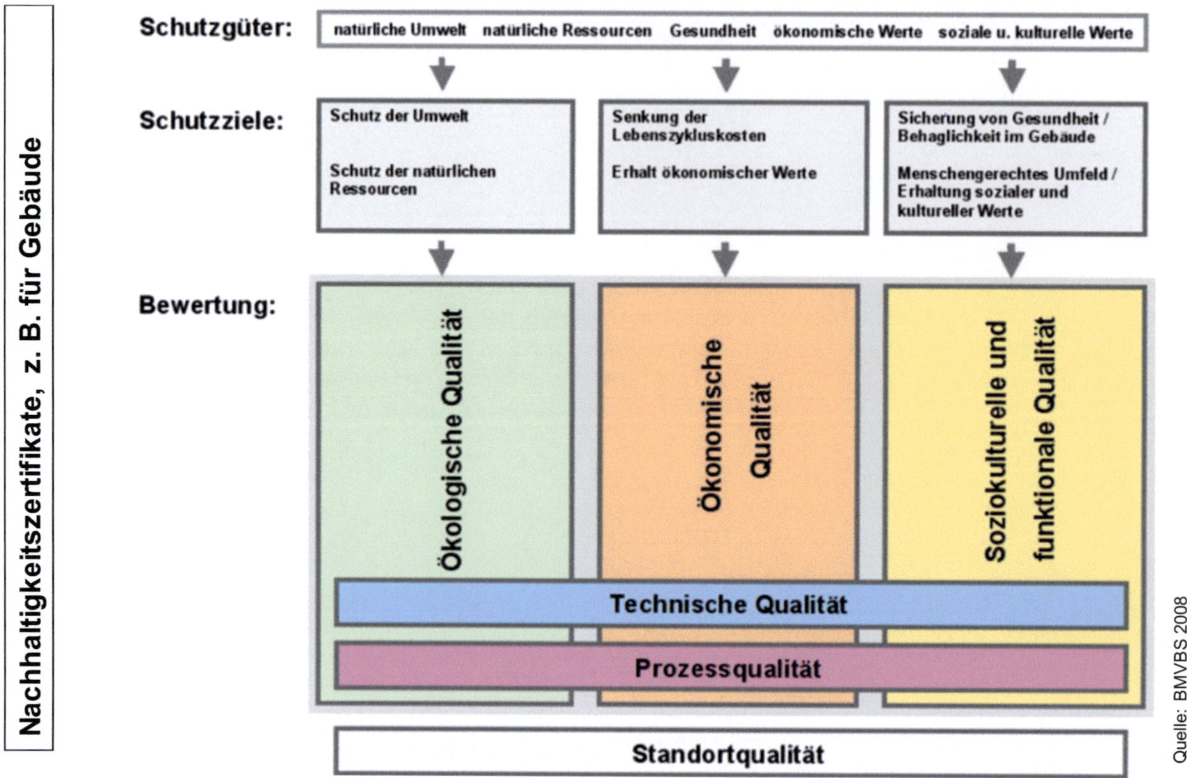

Abb. 1:   Schema für die Bewertung der Nachhaltigkeit von Gebäuden, BMVBS

2   Ökonomische Qualität

Stahlbetonbauwerke können prinzipiell unter Verwendung unterschiedlicher Beton- und Stahlgüten hergestellt werden. U. a. durch die Wahl der Baustoffe wird festgelegt, wie hoch die Herstellungskosten auf der einen Seite und auf der anderen Seite wie widerstandsfähig das aus dem Materialien hergestellte Bauwerk gegenüber den zu erwartenden Last- und Umwelteinwirkungen ist. Das heißt, je höherwertig das verwendete Material, desto höher die Herstellungskosten, aber auch desto niedriger die Kosten für den Erhalt (höhere Lebensdauer) [1, 2, 3].

Stahlbeton- und Betonbauwerke sind vielfältigen Last- und Umwelteinwirkungen ausgesetzt, die die Lebensdauer beschränken. Korrosion an der Beton- und Spannstahlbewehrung, Ermüdung durch wiederkehrende dynamische Belastungen oder Betonschäden verursacht durch Frost-Tausalz-Beanspruchung sind nur einige von vielen lebensdauerbeschränkenden Ereignissen, die sich z. T. im Ausmaß zeitabhängig entwickeln [4, 5].

In Abbildung 2 ist dies schematisch dargestellt. Nach Planung (Design) und Erstellung (Construction) sinkt der zu Beginn hoch eingestellte Bauwerkszustand kontinuierlich auf niedrigere Werte ab. Um Hinweise auf die zunehmende Abnutzung und damit auch auf den vorhandenen Abnutzungsvorrat zu bekommen, werden Bauwerke z. T. regelmäßig inspiziert [6, 7, 8, 9, 10]. Durch Inspektionen wird der zunehmend sich verschlechternde Zustand überprüft und beurteilt (Assessment). Durch Instandsetzungsmaßnahmen (Intervention) kann bei Bedarf der Zustand des Bauwerks verbessert bzw. in seiner zeitlichen Weiterentwicklung beeinflusst werden. Solche Maßnahmen wirken sich i. d. R. lebensdauerverlängernd aus [11].

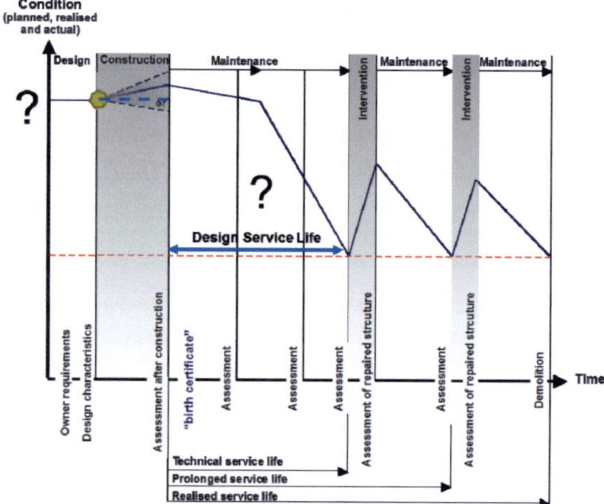

Abb. 2:   Zustandsentwicklung von Bauwerken in Abhängigkeit der Zeit, [12]

Im deutschen Regelwerk werden dauerhaftigkeitsrelevante Angriffe den jeweilig erwarteten Umgebungsbedingungen entsprechend in Expositionsklassen eingeteilt.

Je nach Expositionsklasse sind verschiedene Anforderungen hinsichtlich Material, Materialzusammensetzung, vgl. Abbildung 3, und Geometrie (Betondeckung) einzuhalten. Diese bauaufsichtlich eingeführten deskriptiven Regeln sollen sicherstellen, dass eine die Dauerhaftigkeit beeinträchtigende Schadreaktion unterdrückt bzw. vermieden wird. Die auf Erfahrungswerten beruhenden Regelungen sind zwar einfach handhabbar, erlauben jedoch keine gezielte Bemessung auf Dauerhaftigkeit. So bleibt unbekannt, welche konkrete Zuverlässigkeit (Condition) das Bauwerk gegenüber einer spezifischen Einwirkung bei Inbetriebnahme hat und welche Lebensdauer danach (Design Service Life), vgl. hierzu Abbildung 2. Darüber können nur leistungsbezogene Lebensdauerbemessungen Auskunft geben [11].

Voraussetzung zur Durchführung einer echten Lebensdauerbemessung, bei der die Zuverlässigkeit und die Lebensdauer individuell berechnet werden können, sind realitätsnahe und validierte Modelle zur Beschreibung der Einwirkung und des Widerstandes sowie eine statistische Quantifizierung der Modellvariablen.

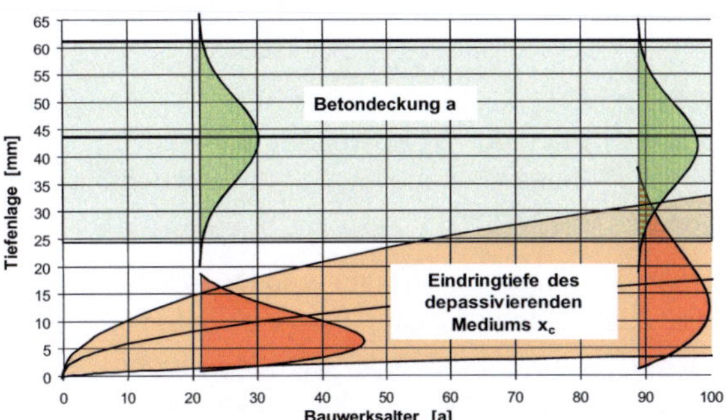

Abb. 3: Expositionsklassen, deskriptive Regeln

Bei Expositionsbedingungen gemäß XC oder XD/XS beispielsweise wäre zu erwarten, dass nach gewissen Zeiträumen die im Beton eingebettete Bewehrung durch die Wirkung von CO_2 bzw. Chlorid depassiviert und anschließend korrosionsbereit vorliegt. Um dies zu verhindern, ist das Eindringen von CO_2 bzw. Chlorid soweit zu unterdrücken, dass eine Depassivierung und damit in der Folge ein Korrosionsschaden an der Bewehrung mit einer akzeptablen Wahrscheinlichkeit vermieden wird. Im Fall der Depassivierung der Bewehrung kann die Einwirkung S vereinfacht als die Eindringtiefe der Depassivierungsfront (x_c) dargestellt werden und die Betondeckung, hier als geometrische Größe a bezeichnet, als der Widerstand R. Wird der Zustand erreicht, dass die Betondeckung a gleich der Eindringtiefe x_c des depassivierenden Mediums ist, ist der Grenzzustand – Bewehrung depassiviert und damit korrosionsbereit - erreicht. Dies gilt es zu verhindern [4].

Die Variablen a (Widerstand) und x_c (Einwirkung) sind in Abbildung 4 als stochastische Modellparameter dargestellt, die unter Angabe von Verteilungsfunktion, Mittelwert und Standardabweichung zu jeder Zeit vollständig beschrieben werden können.

Wie in Abbildung 4 ablesbar, nimmt die Eindringtiefe (x_c) mit der Zeit kontinuierlich zu. D. h., die Einwirkung wächst bei zeitlich gleichbleibend konstantem geometrischen Widerstand stetig. Damit steigt die Wahrscheinlichkeit einer Depassivierung („Versagenswahrscheinlichkeit") mit zunehmender Zeit, Abbildung 4 und Abbildung 5.

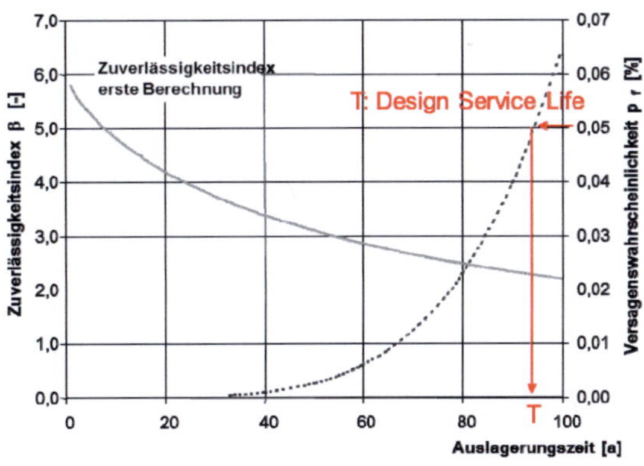

Abb. 4: Betondeckung vs. Eindringtiefe des depassivierenden Mediums [4]

Begrenzt man die Wahrscheinlichkeit einer Depassivierung auf ein gerade noch tolerierbares Maß, z. B. auf maximal 5 %, kann anhand solcher Kurven die zu erwartende Lebensdauer, hier mit der Variablen T bezeichnet, abgelesen werden, Abbildung 5.

Mit Hilfe dieser modellgestützten Lebensdauerberechnungen kann nun, abhängig vom konkreten Bemessungsfall, im Rahmen der Planungsphase (Design) eine gewünschte Lebensdauer gezielt eingestellt werden, Abbildung 5 und Abbildung 6, z.B. T = 96 Jahre > 80 Jahre.

Abb. 5: Wahrscheinlichkeit einer Depassivierung bzw. Zuverlässigkeit des Bauwerkes gegenüber einer lebensdauerbeschränkenden Karbonatisierungseinwirkung in Abhängigkeit von der Zeit

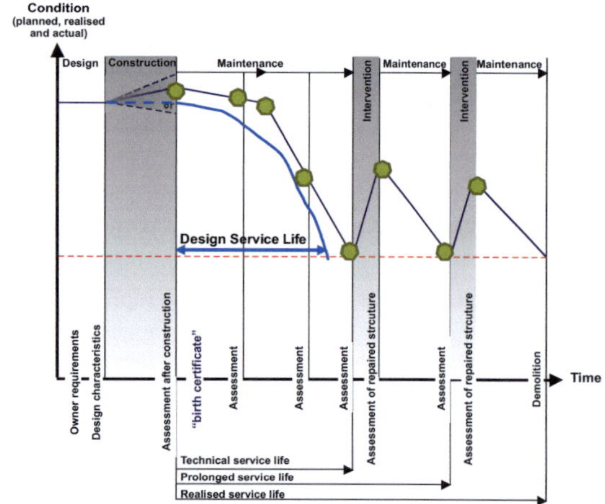

Abb. 6: Prognose der Lebensdauer im Rahmen der Planung, Erfassung des realen IST-Zustandes im Rahmen des Betriebs (durch Inspektion)

Nach Planung, Herstellung und Inbetriebnahme ist die Zustandsentwicklung mit geeigneten Methoden zu verfolgen, um die in der Planung prognostizierten SOLL-Zustände mit IST-Zustandsdaten abgleichen zu können. Nur in Kombination von Informationen aus Planung, Herstellung und Betrieb lassen sich Lebenszyklen von hoher ökonomischer Qualität erzeugen [13, 14, 15, 16].

Bei der Verfolgung der weiteren Zustandsentwicklung ist entscheidend, dass Beobachtungen in einem integralen Ansatz bewertet werden und auch nur solche bewertet werden, die den Prozess des Bauwerksmanagements nachweislich unterstützen. Das heißt, erhobene Daten müssen entweder qualitativ oder quantitativ auch einer exakten Bewertung zugeführt werden können. Der IST-Zustand wird dabei unter Nutzung der Vorabinformation aus Planung und Herstellung mit Hilfe strukturierter Inspektions- und Messkonzepte festgestellt. Bei der Erstellung solcher Inspektionskonzepte ist vom erwarteten Zustand ausgehend festzulegen, <u>was</u> modellabhängig <u>wo</u> mit <u>welchem Messverfahren</u> in <u>welchem Umfang</u> <u>wann</u> untersucht werden muss. Abbildung 7 zeigt einige Fragestellungen auf, die bei der Planung strukturierter Inspektionen zu beantworten sind.

In Abbildung 6 sind Zustandserfassungen entlang der Zeitachse mit „Assessment" markiert. Im Rahmen dieser Überprüfungen kann der prognostizierte Zustand mit dem tatsächlichen Zustand ständig verglichen werden.

Abb. 7: Fragestellungen, die im Zuge der Inspektionsplanung zur Erfassung des realen IST-Zustandes zu beantworten sind

Im Rahmen des Verbundforschungsvorhabens „Nachhaltig bauen mit Beton", [17], wurde im Teilprojekt D, u. a. der Frage nachgegangen, wie die vielfältig anfallenden Informationen aus Planung, Herstellung und Betrieb strukturiert gemeinsam verarbeitet werden können, so dass sie eine ökonomische Steuerung von Lebenszyklen baulicher Anlagen und Bauwerken ermöglichen. Ziel war es u. a., die anfallende Information mit Hilfe einer zu entwickelnden Software zu vernetzen.

Der Aufbau des Software-Systems ist modular konzipiert. Die Module entsprechen den über die Lebensdauer eines Bauwerks notwendigen Datenerfassungs- und -verarbeitungsvorgängen. Die Optimierung der Dauerhaftigkeit von der Entwurfs- und Planungsphase bis hin zur Abnahme sowie der ökonomisch optimierte Bauwerksbetrieb in der sich anschließenden Nutzungsphase (vgl. hierzu Abbildung 8) sind implementiert.

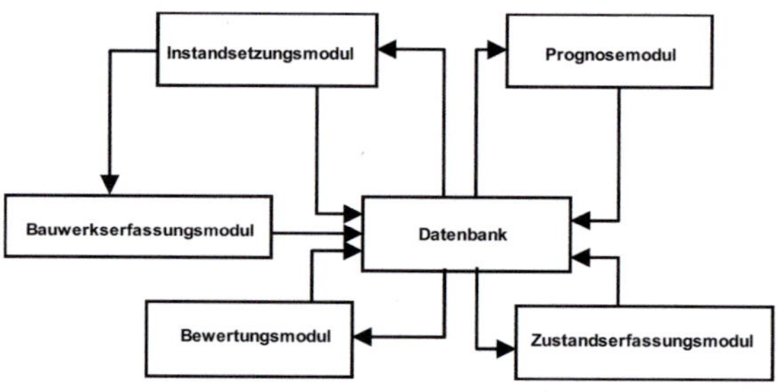

Abb. 8: Prognose der Lebensdauer im Rahmen der Planung, Erfassung des realen IST-Zustandes im Rahmen des Betriebs (durch Inspektion), aus [17]

Im Mittelpunkt des prädiktiven Lebensdauermanagementsystems steht eine Datenbank, in der alle Bauwerksdaten erfasst werden, vgl. hierzu Abbildung 9. Hierzu zählen allgemeine Informationen und Geometriedaten des Bauwerks sowie Angaben zu den charakteristischen Eigenschaften der verwendeten Baustoffe, Ergebnisse von Bauwerksuntersuchungen und Instandsetzungen. Alle Module sind in

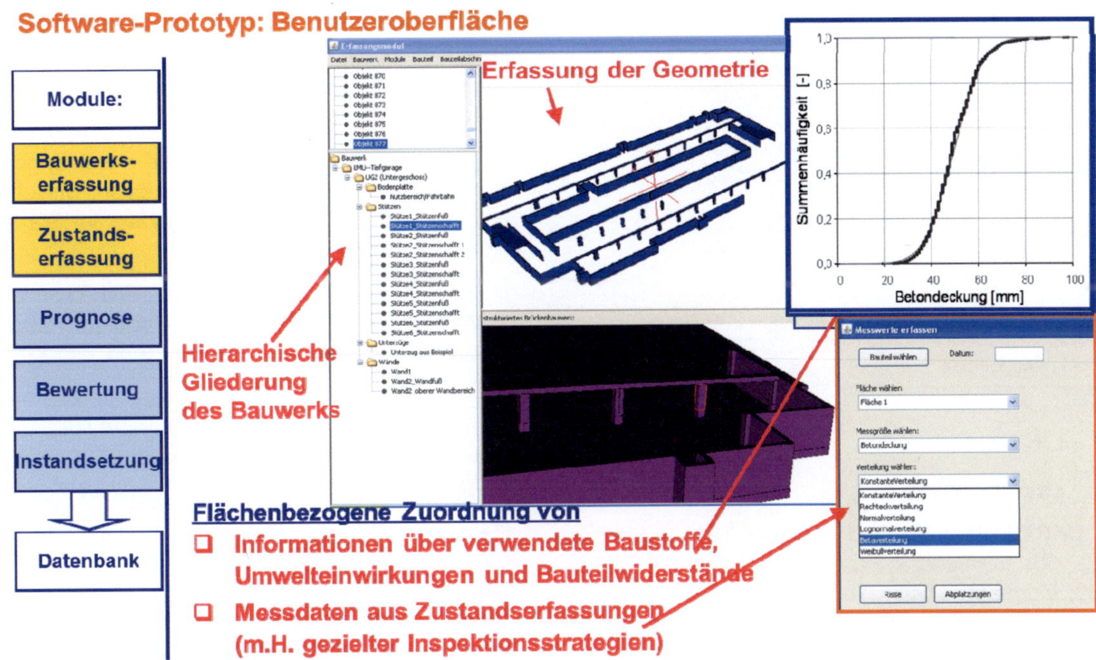

Abb. 9: Benutzeroberfläche der Module „Bauwerkserfassung" (Geometrien) und „Zustandserfassung" (Inspektionsdaten), hier statistisch ausgewertete Daten zur Betondeckung der Bewehrung [17]

ihrer Basisfunktionalität im Software-Prototyp realisiert, d. h. die grundsätzliche Funktionsweise des Lebensdauermanagementsystems kann entlang der gesamten Prozesskette aufgezeigt werden. Die Umsetzung beschränkt sich exemplarisch auf zwei Schädigungsmechanismen (Bewehrungskorrosion durch Eindringen von Chloriden sowie durch Carbonatisierung). Die Ausweitung der Funktionalitäten auf andere Schädigungsmechanismen (auch Baustoffe) und Instandsetzungsverfahren kann Dank des dynamischen Kerns des Software-Tools zukünftig mit relativ geringem Aufwand erfolgen.

Unter der Voraussetzung, dass alle in Abbildung 10 exemplarisch dargestellten Optionen auf verschiedenen Wegen zu einer vergleichbaren technischen Qualität führen (vergleichbare Lebensdauer, vergleichbare Gebrauchstauglichkeit und Tragsicherheit) liegen nun alle Informationen über jeweilig benötigte Materialien, Massen und Prozesse für die Herstellung und Erhaltung eines Bauwerkes vor. Diese Informationen können jetzt nicht nur ökonomisch ausgewertet und verglichen (ökonomische Qualität), vgl. hierzu auch [18, 19], sondern auch hinsichtlich ökologischer Qualität beurteilt werden (Ökobilanz).

3 Ökologische Qualität

Mit Hilfe von Ökobilanzen können alle potentiellen Umweltwirkungen des Bauwerkes über dessen gesamten Lebensweg zusammengestellt und beurteilt werden. Abbildung 11 zeigt den üblichen Rahmen einer Ökobilanz und die Bereiche, in denen Ökobilanzen Orientierung geben können, z. B. bei der Entwicklung von umweltfreundlichen Produkten oder bei der Vorbereitung von politischen Entscheidungsprozessen. Weitere Informationen dazu finden sich im Beitrag "Methoden und Ergebnisse der Ökobilanzierung".

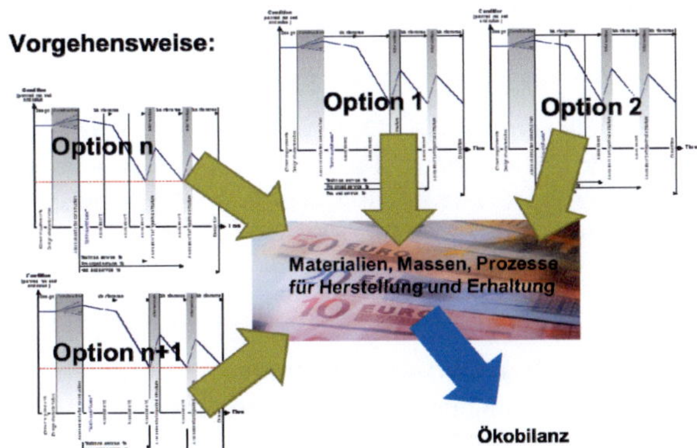

Abb. 10: Optionenvielfalt, die unter Kenntnis der beteiligten Materialien, Massen und Prozesse ökonomisch und ökologisch bewertet werden können

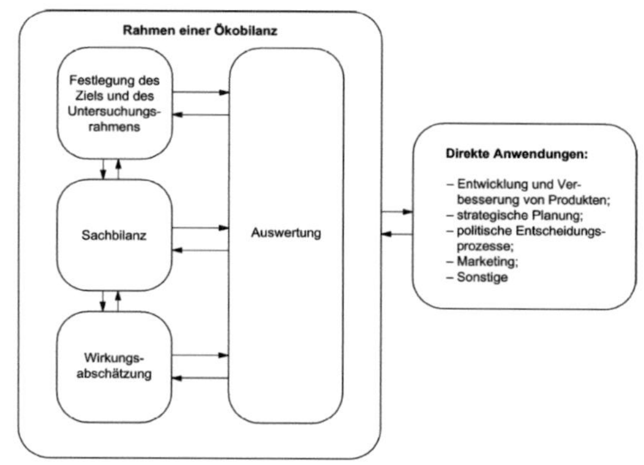

Abb. 11: Ökobilanz

4 Literatur

4.1 Literaturhinweise

[1] DARTS (Durable and Reliable Tunnel Structures), 5th Framework Programme Projekt GRD1-25633, Contract G1RD-CT-2000-00467; Report 5.2: Integrated Design Examples, May 2004: "Integrated Design Examples", ISBN 90 37604730.

[2] DURANET (Network for Supporting the Development and Application of Performance Based Durability Design and Assessment of Concrete Structures) & CEN TC 104, Joint Workshop: Design of Durability of Concrete, 15th-16th June 1999, Berlin.

[3] CON REP NET (A Thematic Network on Performance Based Rehabilitation of Reinforced Concrete Structures), 5th Framework Programme, Newsletters 1&2 (Sept. 2003) to 6 (March 2006).

[4] Schießl, P. (convenor) et al.: fib Model Code for Service Life Design. fib bulletin 34, 2006.

[5] ISO/CD 16204 (CD: Complete Draft, Version 16/03/2011); Durability -Service Life Design of Concrete Structures.

[6] Gehlen, C.; Sodeikat, C.: Maintenance Planning of Reinforced Concrete Structures: Redesign in a Probabilistic Environment, Inspection, Update and Derived Decision Making. In: Durability of Building Materials and Components, Proceedings of the 9th International Conference, Brisbane, Australia, 17 - 20th March 2002; Brisbane, Australien, 2002.

[7] Gehlen, C.; von Greve-Dierfeld, S.: Optimierte Zustandsprognose durch kombinierte Verfahren. In: Beton- und Stahlbetonbau 5/10, Nr. 005.

[8] Beutel, R., Reinhardt, H.-W., Große, Ch., Glaubitt, A., Krause, M., Maierhofer, Ch., Algernon, D., Wiggenhauser, H. and M. Schickert, Comparative Performance Tests and Validation of NDT Methods for Concrete Testing. in Journal of Nondestructive Evaluation 1 - 3 (2008) 27, 59 - 65, 2007

[9] Große, C.: Zerstörungsfreie Prüfung im Bauwesen - Möglichkeiten und Grenzen. In: VDI-Bautechnik, Jahresausgabe 2011/2012, Springer VDI-Verlag, S. 122-131.

[10] Keßler, S., Gehlen, C., Ebell, G., Burkert, A.: Aussagegenauigkeit der Potentialfeldmessung. In Beton und Stahlbetonbau, 7/11

[11] Zuverlässigkeitsbetrachtungen zur wirksamen Vermeidung von Bewehrungskorrosion, Dissertation, RWTH Aachen, Deutscher Ausschuss für Stahlbeton Heft 510, Beuth-Verlag, 2001.

[12] Gehlen, C. (convenor) et al.: Condition Control and Assessment of Reinforced Concrete Structures, fib bulletin 59, (2011)

[13] Straub, D.: Spatial reliability assessment of deteriorating reinforced concrete surfaces with inspection data. Proc. ICASP11, Zürich, Switzerland, 2011

[14] Taffe, A.: Zur Validierung quantitativer zerstörungsfreier Prüfverfahren im Stahlbetonbau am Beispiel der Laufzeitmessung. In: Schriftenreihe des Deutschen Ausschusses für Stahlbeton, Heft 574, Beuth Verlag, Berlin (2008), Dissertation

[15] Faber M.H., Sørensen J.D. (2002). Indicators for inspection and maintenance planning of concrete structures. Structural Safety, 24(4), pp. 377 - 396.

[16] Straub D., Faber M.H:. Risk Based Inspection Planning for Structural Systems. Structural Safety, 27(4), pp 335-355, 2005

[17] Schießl, P. ; Gehlen, C.; Zintel, M. Keßler, S.; Rank, E.; Bormann, R.; Lukas, K.; Budelmann. H.; Empelmann, M.; Heumann, G.; Starck, T. Verbundforschungsvorhaben "Nachhaltig Bauen mit Beton" Lebenszyklusmanagementsystem zur Nachhaltigkeitsbeurteilung - Teilprojekt D, Deutscher Ausschuss für Stahlbeton Heft 586, Beuth-Verlag, Berlin, 2011.

[18] De Sitter, W.R.: Costs for Service Life Optimization - The Law of Fives; Durability of Concrete Structures, CEB-RILEM International Workshop, Copenhagen 1983. CEB bulletin No. 152,

[19] Stewart, M. G., D.V. Val (2003), Multiple Limit States and Expected Failure Costs for Deteriorating Reinforced Concrete Bridges, Journal of Bridge Engineering, Trans. ASCE, 8(6): 405-415.

5 Autor

Prof. Dr.-Ing. Christoph Gehlen
Centrum Baustoffe und Materialprüfung
Technische Universität München
Baumbachstr. 7
81245 München

Stellung von Zement in der Nachhaltigkeitsbewertung von Gebäuden

Christoph Müller

Zusammenfassung

Die europäische Bauproduktenverordnung (BPV) ersetzt die bisherige europäische Bauproduktenrichtlinie (BPR). Die BPV ist unmittelbar in allen Mitgliedsstaaten gültig, ohne dass sich daraus zwingend neue Anforderungen an Bauprodukte ergeben müssen. Gleichwohl enthält die Verordnung unter anderem die Erweiterung der Grundanforderung an Gebäude (Basic Requirements for Construction Works, BWR) Nr. 3 (Hygiene, Gesundheit und Umweltschutz) sowie die neu eingeführte BWR 7 (Nachhaltige Nutzung der natürlichen Ressourcen). Die Dauerhaftigkeit ist seit jeher ein maßgebliches Qualitätsmerkmal von Betonbauteilen. Sie ist ebenfalls eine wesentliche Grundanforderung an Bauwerke (BWR 7) der BPV. Der Klimaschutz findet seinen Niederschlag in der BWR 3 (Hygiene, Gesundheit, Umweltschutz). Wie beide Aspekte zusammenhängen und welchen Anteil die Umweltwirkungen eines Bauprodukts (Bauprodukt-EPD) an der Nachhaltigkeitsbewertung eines Gebäudes haben, zeigt dieser Beitrag am Beispiel Zement und Beton.

1 Einleitung

Der Ersatz der europäischen Bauproduktenrichtlinie (CPD) durch die Bauproduktenverordnung (CPR) ändert weder die Zielsetzung noch die prinzipiellen Zuständigkeiten. Die Beseitigung technischer Handelshemmnisse auf dem europäischen Bauproduktenmarkt mit Hilfe harmonisierter technischer Spezifikationen bleibt das Ziel auch der Verordnung. Die Verordnung benennt ebenso wie die Richtlinie Grundanforderungen an Bauwerke (BWR), allerdings ist mit der wesentlichen Grundanforderung 7 die nachhaltige Nutzung natürlicher Ressourcen für die Bewertung von Gebäuden weiter ins Blickfeld gerückt. Die Konkretisierung bzw. Umsetzung in Anforderungen an Bauprodukte bleibt im Zuständigkeitsbereich der Mitgliedsstaaten. Diese legen unabhängig von den Formulierungen im Anhang I der Bauproduktenverordnung die wesentlichen Produktmerkmale fest, die sie als wichtig erachten, um Bauwerke so zu bauen, dass sie den jeweils geltenden Vorschriften genügen [1]. Die Dauerhaftigkeit ist seit jeher ein maßgebliches Qualitätsmerkmal von Betonbauteilen und nun auch eine wesentliche Grundanforderung an Bauwerke (BWR 7) der CPR. Der Klimaschutz findet seinen Niederschlag in der BWR 3 (Hygiene, Gesundheit, Umweltschutz). Wie beide Aspekte zusammenhängen (können) und welchen Anteil die Umweltwirkungen eines Bauprodukts (Bauprodukt-EPD) an der Nachhaltigkeitsbewertung eines Gebäudes haben, zeigt dieser Beitrag am Beispiel Zement und Beton.

2 Dauerhaftigkeit vs. Druckfestigkeit

Die kontinuierliche Reduzierung des Klinkergehaltes im Zement hat zu einer Verbesserung der spezifischen Baustoffprofile für Zement und Beton insbesondere im Hinblick auf das Treibhauspotential geführt (vgl. Abschnitt 3). Die konsequente Entwicklung zur Herstellung und Verwendung von Zementen mit mehreren Hauptbestandteilen trug zu einer deutlichen Reduzierung des Klinker/Zement-Faktors bei. Dieser betrug in Deutschland im Jahr 1987 86 % und wurde bis zum Jahr 2009 auf 75 % vermindert [4]. Die Frage, ob sich auf diesem Wege eine weitere deutliche Reduzierung des mittleren Klinker/Zement-Faktors realisieren lässt, hängt einerseits von der Verfügbarkeit von Zementhauptbestandteilen wie Hüttensand und Flugasche ab. Auf der anderen Seite werden sich technische Grenzen der Einsatzmöglichkeiten des Kalksteins als Zementhauptbestandteil in Betonen mit den Betonzusammensetzungen nach DIN EN 206-1 / DIN 1045-2 ergeben. Vor diesem Hintergrund beschäftigen sich in der aktuellen Diskussion der Umsetzung von Nachhaltigkeitsprinzipien beim Bauen mit Beton verschiedene Stellen mit der Redzierung der Umweltwirkungen in der Herstellung des Baustoffs. Schlussendlich geht es unabhängig vom gewählten Ansatz um eine ökologisch wie ökonomisch effiziente Verwendung des Portlandzementklinkers, mit der zur gleichen Zeit die Qualität der Dauerhaftigkeitseigenschaften des Betons auf hohem Niveau gehalten werden muss. Aus einer im Forschungsinstitut der Zementindustrie durchgeführten Auswertung von Literaturergebnissen und eigenen Untersuchungsergebnissen ging der in

Abbildung 1 dargestellte Zusammenhang zwischen dem auf die Betondruckfestigkeit bezogenen Klinkergehalt und der Betondruckfestigkeit hervor. Der spezifische, in diesem Fall auf das Leistungsmerkmal Betondruckfestigkeit bezogene Klinkergehalt nimmt mit steigender Druckfestigkeit ab. Bezogen auf die Druckfestigkeit wird der Klinker in den dargestellten Fällen damit effektiver eingesetzt, wenn die Druckfestigkeit höher ist.

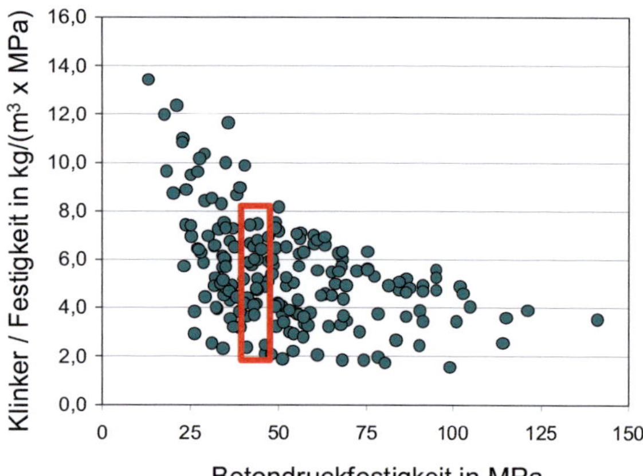

Abb. 1: Zusammenhang zwischen dem auf die Betondruckfestigkeit bezogenen Klinkergehalt[1] und der Betondruckfestigkeit – markierter Bereich: Betone mit Betondruckfestigkeiten 40 ± 5 N/mm² [2]

Die betontechnischen Gründe für diesen Zusammenhang sind bekannt: Reduzierung des effektiven Wasserzementwerts, Optimierung der Granulometrie der Feinstoffe, Einsatz wirksamer Betonsatzmittel. Analysiert man in dieser Darstellung beispielhaft den Bereich der Druckfestigkeit von 40 ± 5 N/mm² im Hinblick auf die Zusammensetzung der verwendeten Hauptbestandteile, findet man unter anderem Stoffkombinationen mit relativ geringen Klinkergehalten und sehr hohen Kalksteingehalten. Kalkstein liegt als Hauptrohstoff des Portlandzementklinkers an jedem Standort eines Zementwerkes vor, so dass bei seiner Verwendung als Zementhauptbestandteil Transportkosten sowie mit dem Transport verbundene Emissionen entfallen. Da es sich bei Kalkstein allerdings um ein Inertmaterial handelt, ist eine deutliche Erhöhung seines Anteils im Zement aufgrund der normativ festgelegten Randbedingungen, verbunden mit dem derzeit unzureichenden Kenntnisstand, nicht ohne weiteres möglich. Vor allem ist aber die Verkürzung des Themas auf den Aspekt „Druckfestigkeit (im Labor)" nicht zielführend. Die Gleichmäßigkeit der Betonausgangsstoffe, die Robustheit des Betons im Bau-

___

[1] Klinker = Portlandzementklinker + Sulfatträger + ggf. Nebenbestandteile

betrieb und besonders die Dauerhaftigkeit des Betons sind entscheidende Parameter. Abbildung 2 verdeutlicht am Beispiel der Verwendung von Zementen mit einem Kalksteingehalt von 30 M.-% und des Frostwiderstands von Beton, dass der Zement, seine Hauptbestandteile oder ggf. der Betonzusatzstoff die Dauerhaftigkeit des Betons signifikant beeinflussen kann, ohne dass dies zwingend an der Druckfestigkeit erkennbar wäre (hier: Vergleich der Versuchszemente 3 und 4). Im dargestellten Fall sind es durch die Verfahrenstechnik der Zementherstellung bedingte granulometrische Einflüsse.

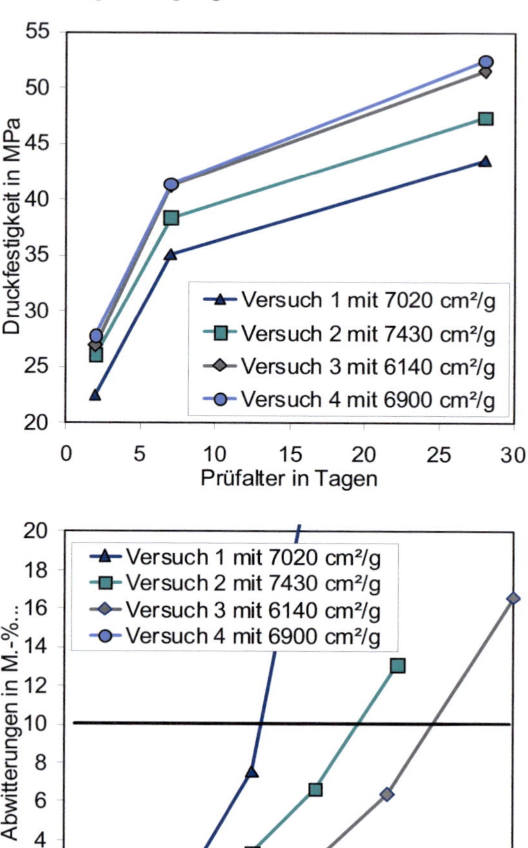

Abb. 2: Druckfestigkeitsentwicklung des Zements (oben) und Abwitterungen von Betonen (z = 300 kg/m³, w/z = 0,60) im Würfelverfahren (unten) mit Portlandkalksteinzementen unterschiedlicher Feinheiten mit 30 M.-% Kalkstein [5]

Auch im Zuge der vorbereitenden Arbeiten für die Revision der EN 206 wurde die Frage diskutiert, inwiefern die Druckfestigkeit des Zements, der Kombination Zement/Zusatzstoff oder des Betons stellvertretend (engl.: „as a proxy criterion") eine Aussage über Dauerhaftigkeitseigenschaften zulässt. Die Frage resultiert aus der gelebten Praxis, im Rahmen deskriptiver Anwendungsregeln (z. B. Anwendung der Zemente nach DIN EN 197-1 gemäß den Tabellen F.3.2 bis F.3.4 in DIN 1045-2 (deutsche Anwendungsregeln zur EN 206-1) oder der Verwendung von Kombinationen Zement/Zusatzstoff nach BS8500-2 gemäß der Anwendungsregeln in BS8500-1), auf der Basis festigkeitsbezogener Konformitätsnachweise für Zement, Kombination und Beton auf eine konkrete Überprüfung der Dauerhaftigkeit zu verzichten. Dies erscheint in beiden Fällen gerechtfertigt aufgrund der umfangreichen Praxiserfahrungen der betreffenden Länder, in denen im Rahmen der jeweiligen nationalen Anwendungsregeln (Betonzusammensetzung, Betondeckung, Nachbehandlung) sowie unter den entsprechenden klimatischen Bedingungen, der Bautradition und dem Sicherheitsbedürfnis die Stoffe erfolgreich eingesetzt wurden. Nicht ohne weitere Überprüfung der Dauerhaftigkeitseigenschaften zulässig ist diese Vorgehensweise bei neuen Stoffen. Auch eine unmittelbare Übertragung einer Anwendungsregel eines Landes auf die Verhältnisse in einem anderen Land verbietet sich aus den vor genanntem Gründen.

3 Auswirkung einer Produkt-EPD auf die Gebäudebewertung

Die positive ökologische Wirkung des zunehmenden Einsatzes von Zementen mit mehreren Hauptbestandteilen und verringerten Klinkergehalten zeigt sich in der Veränderung des Baustoffprofils für eine Tonne Zement in Deutschland (Abbildung 3).

Um zu zeigen, welchen Anteil ein in der Bauprodukt-EPD deklarierter Parameter auf die entsprechenden Werte in der Gebäudebewertung eines 5-stöckigen typischen Bürogebäudes hat, soll das Bauprodukt Zement als Beispiel dienen [3]. Die Bewertung findet auf Grundlage des deutschen DGNB-Systems statt. In Abbildung 4 ist die Einflusskette von der Bauprodukt-EPD bis zum Gebäudezertifikat dargestellt.

		1996	2006	
Wirkungskategorie	global	Treibhauseffekt (GWP)	872	670	kg CO$_2$-Äq.
		Ozonabbau (ODP) [1]	0	1,6*10^{-5}	kg R11-Äq.
	regional	Versauerung (AP)	1,68	0,92	kg SO$_2$-Äq.
		Überdüngung (NP)	0,20	0,12	kg PO$_4^{3-}$-Äq.
		Sommersmog (POCP) [2]	0,07	0,10	kg C$_2$H$_4$-Äq.
Primärenergie (nicht erneuerbar)		4355	2713	MJ

[1] Indikator wurde 1996 zu Null gesetzt   [2] Indikator lag 1996 ein anderes Berechnungsverfahren zugrunde

Abb. 3: Baustoffprofil Zement: Wirkungspotentiale und Aufwand an Primärenergie (aus nicht erneuerbaren Energieträgern) für die Herstellung von 1 t Zement in Deutschland [4]

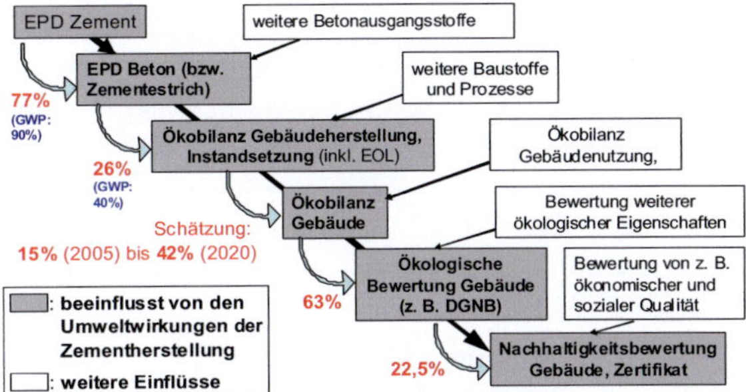

Abb. 4: Auswirkung der Produkt-EPD für Zement auf eine Gebäudebewertung [3]

Der Einfluss der Umweltwirkungen der Zementherstellung auf die Beton-EPD kann auf Basis typischer Zementgehalte in verschiedenen für das gewählte Gebäudebeispiel relevanten Betonfestigkeits- und Expositionsklassen quantifiziert werden. Dieser Anteil liegt für die verschiedenen Indikatoren zwischen ca. 90 % (GWP) und ca. 70 % (AP). Werden die Indikatoren gemäß des gewählten Bewertungssystems gewichtet, beträgt der Einfluss ca. 77 %. Anhand der im Bauwerk vorhandenen zementgebundenen Baustoffe kann der Anteil der Umweltwirkungen dieser Baustoffe am Gesamtgebäude abgeschätzt werden. Innerhalb der Herstellungsphase des Bauwerks beträgt der Einfluss 37 %. Bezieht man nötige Instandsetzungszyklen über die Lebensdauer des Bauwerks mit ein, wird der Einfluss geringer (26 %), da die Lebensdauer zementgebundener Baustoffe mindestens dem Betrachtungszeitraum (50 Jahre) entspricht und praktisch keine Erneuerungen oder Reparaturen anfallen, während für viele andere Bauprodukte in diesem Zeitraum mehrere Instandsetzungszyklen miteinbezogen werden müssen. Für Teppichböden wird zum Beispiel von vier Instandsetzungen innerhalb des Betrachtungszeitraums ausgegangen.

Betrachtet man den Anteil des Energiebedarfs, der für die Bereitstellung der Baustoffe und Bauprodukte nötig ist, im Vergleich zum nötigen Energiebedarf über die Nutzungsdauer des Bauwerks, so beträgt der Anteil der Baustoffe derzeit ca. 15 %. Verschiedenen Literaurquellen kann aber entnommen werden, dass dieser Anteil bis 2020, durch die Fortschreibung der Energieeinsparverordnung in Deutschland vermutlich bis auf ca. 42 % steigen kann (Angabe des Ingenieurbüros Drees und Sommer AG 2010).

Der Anteil der Parameter im Teil „Ökologische Bewertung" der Gebäudenachhaltigkeitsbewertung, der sich durch die Indikatoren aus der EPD darstellen lässt, beträgt ca. 63 %. An der Gesamtnachhaltigkeitsbewertung hat die ökologische Bewertung im DGNB-System einen Anteil von 22,5 %. Werden die dargestellten Werte zusammen betrachtet, ergibt sich, dass die EPD des Zements einen Einfluss dieses Baustoffes von ca. 20 % für die Herstellung der Bauprodukte, der Errichtung des Bauwerks und der Instandhaltung des Bauwerks dokumentiert. An der zertifizierten Bewertung des gesamten Gebäudes über den Lebenszyklus und unter Berücksichtigung aller anderen Aspekte der Nachhaltigkeit beträgt der Anteil 0,4 bis 1,2 %, da viele dieser Aspekte die Herstellung des Baustoffs Zement nicht betreffen [1].

Aus dieser Betrachtung folgt, dass zur Berechnung der Gebäudenachhaltigkeit in der Planungsphase durchaus Durchschnitts-EPDs herangezogen werden können. Der Fehler in der Nachhaltigkeitsbewertung des Bauwerks über seinen Lebenszyklus, der durch die Verwendung von Durchschnittsdaten für die Umweltqualität entsteht, dürfte in der Regel gering sein. Sind im Einzelfall produktspezifische Angaben notwendig, können diese auch für eine Produktgruppe (z. B. Zementart) oder ein einzelnes Bauprodukt (z. B. bestimmter Zement) zur Verfügung gestellt werden.

4 Literatur

4.1 Literaturhinweise

[1] Forschungsinstitut der Zementindustrie: TB-BTe B2275-A-2/2011 Abschlussbericht „Auswirkungen der erweiterten europäischen Basisanforderungen für Bauwerke auf die Regelungen der harmonisierten technischen Spezifikationen (hEN und EAD)" - 14.06.2011 Auftraggeber: Bundesinstitut für Bau- Stadt- und Raumforschung im Bundesamt für Bauwesen und Raumordnung (BBSR)

[2] Müller, Christoph; Palm, Sebastian: Cement grades with a low portland cement clinker ratio for the concretes of the future: Zemente mit geringem Portlandzementklinkeranteil für die Betone der Zukunft. In: Bundesverband Deutsche Beton- und Fertigteilindustrie, BDB (Hrsg): 55. BetonTage, Kongressunterlagen: Nachhaltige Innovationen. - Gütersloh: Bauverl., 2011, S.86-89

[3] Reiners, Jochen: Nachhaltigkeit - Von der Idee zur praktischen Umsetzung, Vortrag VDZ Fachtagung Betontechnik, Düsseldorf 2011

[4] Tätigkeitsbericht des Vereins Deutscher Zementwerke e.V. 2007-2009, Düsseldorf 2009

[5] VDZ-Mitteilungen Nr. 147; Dezember 2011

5 Autor

Dr.-Ing. Christoph Müller
Forschungsinstitut der Zementindustrie
Tannenstr. 2
40476 Düsseldorf

Nachhaltiger Beton – Betontechnologie im Spannungsfeld zwischen Ökobilanz und Leistungsfähigkeit

Michael Haist und Harald S. Müller

Zusammenfassung

Der vorliegende Beitrag behandelt Möglichkeiten und Wege, die Nachhaltigkeit von Betonkonstruktionen durch eine Optimierung der Nachhaltigkeit des Ausgangsstoffs Beton zu steigern. Grundlage für eine derartige Nachhaltigkeitsoptimierung bildet die Ökobilanz der verwendeten Ausgangsstoffe, insbesondere des Zements, möglicher Ersatzstoffe und der Gesteinskörnung. Hierzu wird zunächst kurz auf die Methoden der Ökobilanzierung eingegangen. Den Schwerpunkt des Beitrags bildet eine Vorstellung von Methoden zur Mischungsentwicklung von zementreduzierten Betonen, sog. Ökobetonen. Hierbei werden systematisch die einzelnen Entwicklungsschritte vorgestellt und die dabei zur Verfügung stehenden Methoden beschrieben. Für weiterführende Informationen zu einzelnen Themenfeldern wird – soweit erforderlich – auf das internationale Schrifttum verwiesen.

1 Einführung

Der Begriff Nachhaltigkeit bezeichnet die Nutzung eines regenerierbaren Systems in einer Weise, dass dieses System in seinen wesentlichen Eigenschaften erhalten bleibt und sein Bestand auf natürliche Weise regeneriert werden kann [1]. Dieses ursprünglich aus dem Bereich der Forstwirtschaft stammende Prinzip lässt sich nur im übertragenen Sinne auf den Werkstoff Beton anwenden, da es die Leistungsfähigkeit eines Werkstoffs im Hinblick auf die zu realisierende Bauaufgabe zunächst nicht berücksichtigt. Zwar ist Beton vollständig recycelbar, jedoch ist seine Herstellung – und hier insbesondere die des Zements – mit signifikanten Umwelteingriffen verbunden, die aufgrund des heute noch unumgänglichen Verbrauchs an nicht-erneuerbaren Energien irreversibel sind. Beton ist somit per Definition zunächst ein nicht-nachhaltiger Baustoff. Bezieht man jedoch den für die Herstellung eines Betonbauwerks notwendigen Ressourcenverbrauch auf die Lebensdauer und Leistungsfähigkeit des Betons, so relativieren sich die notwendigen Umwelteingriffe bei der Betonherstellung im Vergleich zu anderen Baustoffen. Bei einer derartigen Betrachtungsweise weist Beton einen hohen Nachhaltigkeitsgrad auf.

Die oben beschriebenen Abhängigkeiten lassen sich durch Gleichung 1 veranschaulichen.

$$\frac{1}{\text{Nachhaltigkeit}} \sim \frac{\text{Summe der Umwelteinwirkungen}}{\text{Nutzungsdauer} \cdot \text{Leistungsfähigkeit}} \qquad (1)$$

Aus Gleichung 1 wird deutlich, dass die Nachhaltigkeit einer Betonkonstruktion essenziell mit deren Nutzungsdauer verknüpft ist. Sie nimmt mit zunehmender Dauer zu. Die Nutzungsdauer selbst kann jedoch maximal der Lebensdauer des Bauwerks entsprechen und ist somit von dessen Dauerhaftigkeit abhängig. Weitere Ansatzmöglichkeiten die Nachhaltigkeit eines Bauwerks zu steigern, bestehen in der Reduktion der Umwelteinwirkungen infolge dessen Errichtung bzw. Nutzung sowie in der Verbesserung der Leistungsfähigkeit des Werkstoffs bzw. des Bauwerks. Wie die Beziehung in Gleichung 1 exemplarisch zeigt, kann eine Reduktion der Umwelteinwirkungen z. B. durch Verwendung von Ökobeton nur bei gleichbleibender Nutzungsdauer und Leistungsfähigkeit zu einer Verbesserung der Nachhaltigkeit der Konstruktion führen. Dies muss insbesondere bei der Verwendung von Betonen mit optimierter Ökobilanz berücksichtigt werden.

Die Verwendung von Betonen mit erhöhter Leistungsfähigkeit stellt einen weiteren Ansatz zur Verbesserung der Nachhaltigkeit dar. Dieser Ansatz ist jedoch nur dann wirksam, wenn die Leistungsfähigkeit des Baustoffs auch tatsächlich genutzt wird. Die Leistungsfähigkeit ist wiederum in Relation zur anstehenden Bauaufgabe zu setzen. Dies ermöglicht eine vergleichende Bewertung der Leistungsfähigkeit einzelner Baustoffe.

Der vorliegende Beitrag gibt einen Überblick über die möglichen Strategien zur Verbesserung der Nachhaltigkeit von Beton. Der Schwerpunkt der Ausführungen liegt dabei allein auf dem Werkstoff Beton bzw. Stahlbeton.

Im Anschluss an eine kurze Darstellung des aktuellen Stands zur Ökobilanzierung von Beton (siehe Kapitel 2) wird in Kapitel 3 auf die Mischungsentwicklung nachhaltiger Betone eingegangen. Einen Schwerpunkt bilden hierbei Methoden zur Packungsdichteoptimierung der granularen Ausgangsstoffe. Weiterhin wird auf Methoden zur Bewertung der Leistungsfähigkeit der entwickelten Betone eingegangen. Kapitel 4 beschreibt anschließend die Zusammensetzung und die Eigenschaften ausgewählter Betone mit hoher Nachhaltigkeit. Der Beitrag schließt mit einem kurzen Leitfaden zur Herstellung von Betonen mit erhöhter Nachhaltigkeit (Kapitel 5).

2 Ökobilanzierung von Beton

Den Ausgangspunkt für die Bewertung der Nachhaltigkeit eines Betons bildet die Ökobilanz seiner Ausgangsstoffe. Hinzu kommen Umwelteinwirkungen, die aus der Herstellung, dem Transport und dem Einbau des Betons resultieren. Die Vorgehensweise der Ökobilanzierung ist in DIN EN ISO 14040 [2] bzw. DIN EN ISO 14044 [3] geregelt und wird im Beitrag von Hauer [4] im vorliegenden Tagungsband eingehend erläutert.

Für die Betonentwicklung ist das Element der Sachbilanz mit anschließender Wirkungsabschätzung von zentraler Bedeutung. Hierbei werden alle Umwelteinwirkungen, die mit der Herstellung des Produkts in Verbindung stehen, zunächst erfasst und dann standardisierten Wirkungsgruppen zugeordnet. Bei dieser Zuordnung wird durch die Wirkungsabschätzung berücksichtigt, wie sich eine gegebene Emission auf die Wirkungsgruppe auswirkt. Bei den einzelnen Wirkungsgruppen handelt es sich um:

- **Primärenergiebedarf (PE, [J bzw. MJ]):** Der Primärenergiebedarf bezeichnet die Energiemenge, die zur Herstellung einer definierten Menge eines Produkts (Zement, Gesteinskörnung oder Beton) erforderlich ist und wird in Joule pro Kilogramm bzw. Kubikmeter angegeben. Bei der Erfassung des Primärenergiebedarfs sollte zwischen erneuerbaren und nicht-erneuerbaren Quellen differenziert werden.

- **Treibhauspotenzial (Global Warming Potential, GWP, [kg CO_2-Äquivalent]):** Das Treibhauspotenzial beschreibt, wie stark eine gegebene Menge eines Treibhausgases zum Treibhauseffekt beiträgt. Zu den Treibhausgasen zählen dabei u. a. Kohlendioxid (CO_2), Methan (CH_4), Lachgas (Distickstoffoxid, N_2O) sowie verschiedene weitere Gase. Der Beitrag jedes einzelnen Gases zum Treibhauspotenzial ist dabei stark unterschiedlich. Als Referenzgas wird daher Kohlendioxid (CO_2) herangezogen. Die emittierten Mengen anderer Treibhausgase werden mithilfe festgelegter Wirkfaktoren in eine äquivalente Menge an CO_2 umgerechnet.

- **Ozonabbaupotenzial (Ozone Depletion Potential, ODP, [kg R11-Äqu.]):** Das Ozonabbaupotenzial beschreibt die Menge an Ozon, die durch eine gegebene Menge einer bestimmten Chemikalie abgebaut werden kann. Analog zur Vorgehensweise beim Treibhauspotenzial wurde auch hier eine Referenzsubstanz, der Stoff Trichlorfluormethan (Kurzbezeichnung R11), eingeführt.

- **Versauerungspotenzial (Acidification Potential, AP, [kg SO_2-Äq.]):** Das Versauerungspotenzial beschreibt den Einfluss bestimmter Stoffe auf den pH-Wert der Luft, des Wassers und des Bodens. Als Referenzsubstanz wurde die Wirkung von Sulfat SO_2 vereinbart.

- **Eutrophierungspotenzial (Eutrophication Potential, EP, [kg PO_4-Äq.]):** Das Euthrophierungspotenzial erfasst die Gefahr einer möglichen Überdüngung in einem Ökosystem infolge von Emissionen durch die Produktherstellung bzw. das Produkt selbst. Das Eutrophierungspotenzial wird in Form einer Äquivalentmenge an Phosphat PO_4 ausgedrückt.

- **Bodennahes Ozonbildungspotenzial (Photo Optical Ozone Depletion Potential, POCP, [kg C_2H_4-Äq.]):** Durch die Emission bestimmter Spurengase, wie beispielsweise Stickoxide bzw. Kohlenwasserstoffe, kann es in Verbindung mit UV-Strahlung zu einer gesundheitsschädlichen, bodennahen Ozonbildung kommen. Als Leitsubstanz für die Beurteilung dieses Einflusses werden ungesättigte Kohlenwasserstoffverbindungen (Ethen, C_2H_4) herangezogen.

Die Ermittlung der oben aufgeführten Kennwerte ist für Ausgangsstoffe wie Zement, Zusatzmittel oder Gesteinskörnungen äußerst aufwendig. Die für eine Betonoptimierung erforderlichen Daten der Ausgangsstoffe werden dem planenden Betontechnologen daher in Form von sog. EPD-Erklärungen (Environmental Product Declaration) durch den Ausgangsstoffhersteller zur Verfügung gestellt. Diese Erklärungen sind ab 2013 mit Einführung der europäischen Bauproduktenverordnung für alle Baustoffe, und somit auch für Beton, verpflichtend (siehe [5]). Bereits heute können diese Daten über die frei zugänglichen Online-Plattformen http://wecobis.de [6] bzw. die Datenbank Ökobau.dat unter http://www.nachhaltigesbauen.de/baustoff-und-geba eudedaten/oekobaudat.html beschafft werden. Tabelle 1 gibt einen Überblick über typische Kennwerte für die wichtigsten Betonausgangsstoffe.

Tab. 1: Ökobilanzkennwerte der wichtigsten Betonausgangsstoffe

	Primärenergie		GWP	ODP	AP	EP	POCP	
	nicht-ern.	erneuer-bar						
	[MJ/kg]	[MJ/kg]	[kg CO_2/kg]	[kg R11/kg]	[kg SO_2/kg]	[kg PO_4/kg]	[kg C_2H_4/kg]	Quelle
Zement								
Zement allgemein	2,713	$5,49{\cdot}10^{-2}$	0,670	$1,63{\cdot}10^{-8}$	$9,24{\cdot}10^{-4}$	$1,22{\cdot}10^{-4}$	$1,02{\cdot}10^{-4}$	[6]
CEM I 32,5	5,650	$8,74{\cdot}10^{-2}$	0,951	$1,64{\cdot}10^{-8}$	$5,31{\cdot}10^{-4}$	$3,30{\cdot}10^{-5}$	$2,20{\cdot}10^{-6}$	[7]
CEM I 42,5	5,750	$9,40{\cdot}10^{-2}$	0,956	$1,75{\cdot}10^{-8}$	$5,60{\cdot}10^{-4}$	$3,44{\cdot}10^{-5}$	$2,31{\cdot}10^{-5}$	[7]
Flugasche								
ohne Anrechnung	0	0	0	0	0	0	0	[-]
Masseanteil	49,70		4,180	$4,06{\cdot}10^{-8}$	$3,2{\cdot}10^{-2}$	$1,76{\cdot}10^{-3}$	$1,1{\cdot}10^{-3}$	[8]
Anteil Wert-schöpfung	4,84		0,350	$8,45{\cdot}10^{-9}$	$2,67{\cdot}10^{-3}$	$1,52{\cdot}10^{-4}$	$9,34{\cdot}10^{-5}$	
Hüttensand								
ohne Anrechnung	0	0	0	0	0	0	0	[-]
Masseanteil	22,20		1,390	$2,72{\cdot}10^{-8}$	$5,39{\cdot}10^{-3}$	$7,52{\cdot}10^{-4}$	$9,32{\cdot}10^{-4}$	[8]
Anteil Wert-schöpfung	3,54		0,149	$6,76{\cdot}10^{-9}$	$8,59{\cdot}10^{-4}$	$8,18{\cdot}10^{-5}$	0,10	
Gesteinsmehle und Gesteinskörnungen								
Kalksteinfüller	0,350	$2,10{\cdot}10^{-2}$	$1,72{\cdot}10^{-2}$	$5,72{\cdot}10^{-9}$	$1,24{\cdot}10^{-4}$	$9,22{\cdot}10^{-6}$	$8,71{\cdot}10^{-6}$	
Kalksteinsand	0,114	$4,64{\cdot}10^{-3}$	$6,11{\cdot}10^{-3}$	$3,19{\cdot}10^{-9}$	$5,31{\cdot}10^{-5}$	$6,05{\cdot}10^{-6}$	$6,10{\cdot}10^{-5}$	
Quarzmehl 0-0,22 mm	0,820	$3,16{\cdot}10^{-2}$	$2,34{\cdot}10^{-2}$	$4,98{\cdot}10^{-9}$	$1,58{\cdot}10^{-4}$	$6,75{\cdot}10^{-6}$	$5,57{\cdot}10^{-6}$	
Quarzsand	0,539	$1,29{\cdot}10^{-2}$	$1,02{\cdot}10^{-2}$	$2,10{\cdot}10^{-9}$	$7,54{\cdot}10^{-5}$	$3,00{\cdot}10^{-6}$	$2,58{\cdot}10^{-6}$	
Sand	0,022	$1,49{\cdot}10^{-3}$	$1,06{\cdot}10^{-3}$	$2,30{\cdot}10^{-10}$	$6,57{\cdot}10^{-6}$	$2,99{\cdot}10^{-7}$	$2,39{\cdot}10^{-7}$	[7]
Brechsand	0,113	$2,21{\cdot}10^{-3}$	$7,02{\cdot}10^{-3}$	$6,31{\cdot}10^{-9}$	$8,35{\cdot}10^{-5}$	$1,24{\cdot}10^{-5}$	$1,34{\cdot}10^{-5}$	
Kies	0,022	$1,49{\cdot}10^{-3}$	$1,06{\cdot}10^{-3}$	$2,30{\cdot}10^{-10}$	$6,57{\cdot}10^{-6}$	$2,99{\cdot}10^{-7}$	$2,39{\cdot}10^{-7}$	
Recyclierte GK 0/16	0,084	$2,00{\cdot}10^{-4}$	$6,00{\cdot}10^{-3}$	k. A.	$5,70{\cdot}10^{-5}$	$9,00{\cdot}10^{-6}$	$8,00{\cdot}10^{-6}$	
Zusatzmittel								
Fließmittel PCE	27,95	1,20	0,944	$3,29{\cdot}10^{-8}$	$1,19{\cdot}10^{-2}$	$5,97{\cdot}10^{3}$	$5,85{\cdot}10^{-4}$	[9]
Verflüssiger	14,30	1,70	0,739	k.A.	$9,04{\cdot}10^{-3}$	$4,55{\cdot}10^{-4}$	$9,91{\cdot}10^{-4}$	[7]

Der Vergleich der in Tabelle 1 aufgeführten Daten zeigt, dass unter dem Gesichtspunkt des Primärenergieverbrauchs sowie der Treibhausgasemissionen (GWP) die Zusatzmittelherstellung den größten Umwelteinfluss darstellt. Aufgrund ihrer geringen Dosierung im Beton, wird dieser Einfluss – mit Ausnahme beim Versauerungspotential – zumeist jedoch nicht signifikant. Wie bereits erläutert, wird der Einfluss des Zements somit für den Beton i. d. R. maßgebend. Tabelle 1 zeigt weiterhin, dass Ersatzstoffe wie Flugasche oder Hüttensand, solange sie als Abfallstoffe bewertet werden, als emissionsfrei angesehen werden können. Berücksichtigt man jedoch den Masseanteil, der pro Kilogramm Kohle bei der Verstromung anfallenden Flugasche (ca. 12,4 M.-%) bzw. der pro Kilogramm Stahl anfallenden Menge an Hüttensand (ca. 19,4 M.-%), so ergeben sich die in Tabelle 1 mit „Masseanteil" gekennzeichneten Werte. Diese sind bei weitem größer als die des Zements. Gleiches gilt, wenn der Umwelteinfluss der Ersatzstoffe aus dem Anteil der Flugasche bzw. des Hüttensands an der Wertschöpfung bei der Strom- bzw. Stahlherstellung berechnet wird (Flugasche = 1,0 %; Hüttensand = 2,3 %; [8]). Wie Ersatzstoffe ökologisch zu bewerten sind, muss letztendlich politisch geklärt werden.

3 Mischungsentwicklung

Wie aus Kapitel 2 ersichtlich wurde, wird die Ökobilanz von Beton maßgeblich durch dessen Gehalt an Portlandzementklinker bestimmt. Die anderen Betonbestandteile wie Wasser, Gesteinskörnungen und Zusatzmittel besitzen entweder einen deutlich geringeren Einfluss auf die Umwelt als Portlandzement oder sind aufgrund ihrer geringen Dosierung nicht maßgebend. Vor diesem Hintergrund ist die Zusammensetzung sog. Ökobetone i. d. R. durch einen deutlich gegenüber Normalbeton reduzierten Gehalt an Portlandzementklinker gekennzeichnet.

Im Hinblick auf die Festbetoneigenschaften gilt auch bei Ökobeton, dass die Druckfestigkeit und Dauerhaftigkeit des Betons eine Funktion des Wasserzementwerts W/Z[1] sind. Bei einem konstanten W/Z-Wert hat eine Reduktion des Zementgehalts Z somit zwingend auch eine Reduktion des Wassergehalts W im Beton zur Folge. Dies wirkt sich wiederum ungünstig auf die Verarbeitbarkeit des Betons aus. Der Schlüssel zur Herstellung ökologisch optimierter Betone liegt somit in der Sicherstellung einer ausreichenden Verarbeitbarkeit bei minimalen Gehalten an Wasser bzw. Zementleim im Beton. Hierzu muss die Packungsdichte aller granularen Bestandteile des Betons auf ein Maximum gesteigert werden.

---

[1] Absolute Mengenangaben wie Massen oder Volumina werden im vorliegenden Beitrag groß geschrieben, um eine Verwechslung mit relativen Kenngrößen (insbesondere während der Packungsdichteberechung) zu vermeiden.

3.1 Methoden der Packungsdichteoptimierung

Die Optimierung der Packungsdichte der granularen Ausgangsstoffe ist ein zentrales Element aller bekannten Mischungsentwurfverfahren. Grundsätzlich stehen hierzu zwei verschiedene Methoden zur Auswahl:

- **Formalisierte Kornverteilungskurven:** Die Anpassung der Sieblinie einer Gesteinskörnung bzw. eines Bindemittel-Gesteinskorn-Gemisches an formalisierte Kornverteilungskurven stellt eine sehr einfache und effiziente Möglichkeit der Packungsdichteoptimierung dar. Entsprechende Ansätze wurden von einer Reihe von Autoren vorgestellt und sind in DIN 1045-2 in Form von Regelsieblinien für Gesteinskörnungen verankert. Hierbei muss beachtet werden, dass eine entsprechend derartiger Kornverteilungskurven zusammengesetzte Körnung nicht zwingend eine optimale Packungsdichte aufweist, da die Packungsdichte u. a. auch durch die Kornform und die eingetragene Verdichtungsenergie beeinflusst wird. Weiterhin liefert dieses Verfahren keinerlei Aussage zu der zu erwartenden Packungsdichte und damit zum Hohlraumgehalt innerhalb des Kornhaufwerks.

- **Mathematisch-physikalische Packungsdichte-Optimierungsverfahren** stellen eine leistungsfähige, jedoch technisch sehr aufwändige Form der Sieblinienoptimierung dar. Im Gegensatz zu den rein deskriptiven Kornverteilungskurven gestatten diese Verfahren auch die Berechnung der maximal möglichen Packungsdichte sowie des zu erwartenden Hohlraumgehalts im Haufwerk. Die Handhabung derartiger Verfahren wird aufgrund der fortschreitenden Leistungsfähigkeit von Computern zunehmend einfacher.

Nachfolgend wird kurz auf ausgewählte Methoden der beiden oben vorgestellten Verfahrensansätze eingegangen. Einen guten Überblick über die einzelnen zur Verfügung stehenden Verfahren inklusive einer vergleichenden Bewertung geben [10, 11].

3.1.1 Formalisierte Kornverteilungskurven

Bereits die Pioniere der Betontechnologie, Fuller und Thompson erkannten, dass die Verarbeitbarkeit eines Betons bei gegebenem Zementgehalt und Wasserzementwert – und somit konstantem Gehalt an Zementleim bzw. Gesteinskörnung – maßgeblich durch die Sieblinie der verwendeten Gesteinskörnung bestimmt wird [12]. Aufbauend auf theoretische Vorarbeiten von Feret [13] zur Packungsdichte von Kugeln konnten sie im Rahmen umfangreicher experimenteller Untersuchungen einen Zusammenhang zwischen der Sieblinie und der Packungsdichte der Gesteinskörnung sowie der Verarbeitbarkeit und

Druckfestigkeit daraus hergestellter Betonmischungen ableiten. Um eine optimale Packungsdichte eines Gemischs aus Zementpartikeln und Gesteinskörnern zu gewährleisten, schlugen Fuller et al. [12] eine Sieblinie mit einem abschnittsweise linearen bzw. parabelförmigen Verlauf vor. Dieser Ansatz wurde durch spätere Arbeiten u. a. von Talbot et al. [14] gemäß Gleichung 2 vereinfacht.

$$A(d) = \left(\frac{d}{d_{max}}\right)^n \qquad (2)$$

mit d = Korndurchmesser
        d_{max} = Größtkorndurchmesser
        n = Fitparameter

$$\text{mit } n = \begin{cases} 0{,}37 & \text{nach [15]} \\ 0{,}50 & \text{nach [12]} \end{cases}$$

Weitere Arbeiten zur optimalen Größenverteilung eines Korngemischs – allerdings nicht an Zement-Gesteinskornmischungen – wurden in Folge von Andreasen [15] durchgeführt. Dieser bestätigte grundsätzlich den von Fuller et al. [12] gewählten Ansatz gemäß Gleichung 2. Als Fitparameter schlug Andreasen jedoch anstatt n = 0,50 den Wert n = 0,37 vor und konnte damit eine verbesserte Packungsdichte feststellen.

Eine erhebliche Weiterentwicklung stellt das ursprünglich für Keramikschlicker entwickelte Modell von Funk und Dinger [11] dar, das es ermöglicht, nicht nur den Einfluss des Größtkorns sondern auch den des Kleinstkorns auf die Packungsdichte zu berücksichtigen.

Die genannten Arbeiten mündeten in den noch heute gültigen und in DIN 1045-2 [16] verankerten Regelsieblinien A bis C, siehe Abbildung 1.

Die in Bild 1 dargestellten Regelsieblinien lassen sich mittels des Modells von Funk und Dinger [11] nach Gleichung 3 mathematisch beschreiben.

$$A(d) = \frac{d^n - d_{min}^n}{d_{max}^n - d_{min}^n} \qquad (3)$$

Hierin bezeichnen $A(d)$ den Siebdurchgang aller Feststoffe in Vol.-% in Abhängigkeit von der Sieböffnung d in mm, d_{min} bzw. d_{max} den Durchmesser des kleinsten Korns bzw. Größtkorns in mm und n den Steigungsgrad der Parabel.

In ihrer ursprünglichen Veröffentlichung schlugen Funk und Dinger für den Fitparameter n den Wert 0,37 vor, um eine möglichst hohe Packungsdichte zu erzielen. Für die deutlich gröberen Regelsieblinien A bis C gelten hingegen die in Tabelle 2 aufgeführten Werte für n.

Tab. 2: Exponenten n in Gleichung 3 zur Abbildung der Regelsieblinien der DIN 1045-2 mit d_{min} = 0,125 mm

Regelsieblinie nach DIN 1045-2	Exponent n in Gleichung 3
A	0,66
B	0,25
C	0,001

Entsprechend den Regelungen der DIN 1045-2 [16], ist das Kleinstkorn in Gleichung 3 auf einen Durchmesser d_{min} = 0,125 mm beschränkt. Dies bedeutet, dass in DIN 1045-2 ein Einfluss des Zements bzw. von Füllstoffen auf die Packungsdichte der Gesteinskörnung vernachlässigt wird. Dieser Ansatz ist deshalb zielführend, da für übliche Körnungen zwischen dem Größtkorn des Zements und dem Kleinstkorn der Gesteinskörnung ein hinreichend großer Unterschied in der Partikelgröße besteht und somit eine gegenseitige Wechselwirkung in der Packungsdichte ausgeschlossen werden kann.

Der Vergleich der einzelnen Modelle für d_{min} = 0,001 mm und d_{max} = 16 mm zeigt, dass die Modelle von Funk und Dinger (siehe Gleichung 3 mit n = 0,37) sowie von Andreasen (siehe Gleichung 2 mit n = 0,37) eine nahezu identische Partikelgrößenverteilung liefern (siehe Abbildung 2). Der Ansatz von Fuller et al. (Gleichung 2 mit n = 0,50) ist hingegen durch eine deutlich gröbere Sieblinie gekennzeichnet. Abbildung 2 zeigt weiterhin die Kornzusammensetzung einer Gesteinskörnung mit der Regelsieblinie A. Kombiniert man diese entsprechend der Rezeptur für einen Normalbeton mit der Partikelgrößenverteilung eines herkömmlichen Portlandzements, so ergibt sich die als „Referenzbeton" bezeichnete Gesamtsieblinie in Abbildung 2 (siehe auch Tabelle 3).

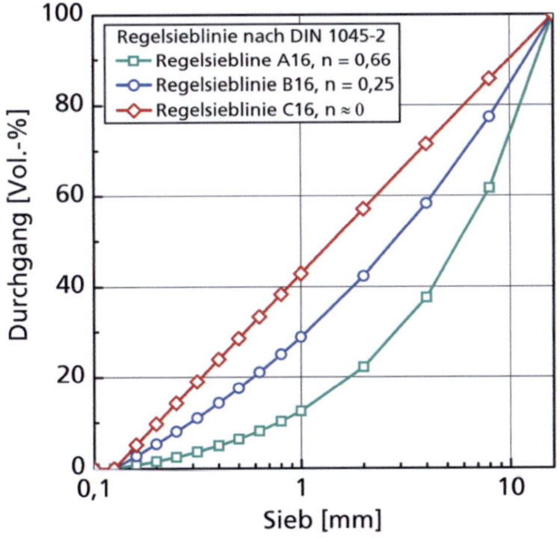

Abb. 1: Regelsieblinien A bis C für Beton nach DIN 1045-2 [16]; hier für eine Gesteinskörnung mit einem Größkorn von 16 mm

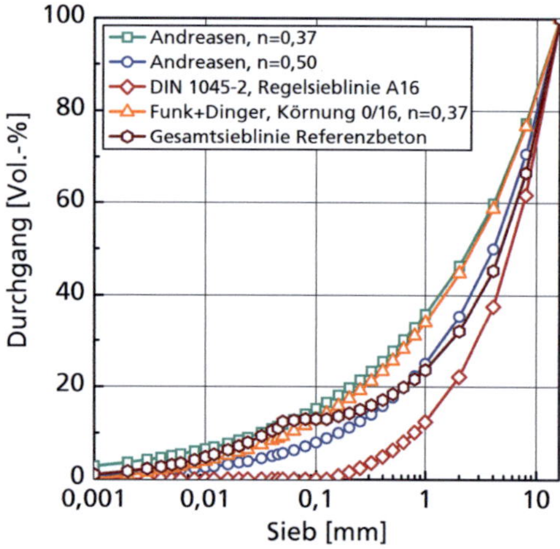

Abb. 2: Gesamtsieblinie des Referenzbetons gemäß Tabelle 3 sowie ideale Korngrößenverteilungskurven gemäß Funk-Dinger (siehe Gleichung 3 mit d_{min} = 0,001 mm, d_{max} = 16 mm, n = 0,37) bzw. Andreasen (siehe Gleichung 2 mit d_{max} = 16 mm, n = 0,37 bzw. n = 0,50)

Tab. 3: Zusammensetzung des Referenzbetons mit W/Z = 0,5, Regelsieblinie A16 und Konsistenz F2

Ausgangsstoff	Masse [kg/m³]	Volumen [dm³/m³]	Volumenanteil am Feststoff [Vol.-%]
Zement	320	103	13
Gesteinskörnung Regelsieblinie A16	1885	716	87
Wasser	160	160	-
Luft	-	20	-

Aus Abbildung 2 wird deutlich, dass Betone, die unter Anwendung der Regelsieblinien nach DIN 1045-2 hergestellt wurden, eine Kornzusammensetzung aufweisen, die in erster Näherung sehr gut der von Fuller et al. [12] vorgeschlagenen Sieblinie für ein Korngemisch mit optimaler Packungsdichte entspricht. Der Spielraum für eine Verbesserung der Packungsdichte gegenüber den bereits bestehenden Ansätzen erscheint somit zunächst gering.

Allen bereits aufgeführten Packungsmodellen ist gemein, dass es sich um sehr einfach anzuwendende Regressionsfunktionen handelt, die jedoch keinen direkten Rückschluss auf die Packungsdichte eines Korngemischs gestatten. Die Vielzahl der in der Literatur dokumentierten Fitparameter n belegt die Willkürlichkeit und Fehleranfälligkeit dieser Ansätze.

3.1.2 Mathematisch-physikalische Packungsdichte-Optimierungsverfahren

Eine Alternative zu den bereits beschriebenen formalisierten Kornverteilungskurven bilden mathematisch-physikalisch basierte Packungsmodelle. Einen guten Überblick über die verschiedenen Ansätze einschließlich einer Bewertung gibt Fennis [10].

Gegenüber der Mischungsentwicklung auf Basis von formalisierten Kornverteilungskurven bietet die Anwendung von mathematisch-physikalisch basierten Packungsdichtemodellen den entscheidenden Vorteil, dass der Hohlraumgehalt im Kornhaufwerk quantifiziert werden kann. Dies ermöglicht es dem planenden Betontechnologen, die Auswirkungen von Änderungen in der Kornzusammensetzung des Betons auf den Wasseranspruch bzw. den Leimgehalt direkt nachzuvollziehen. Die Anwendung beispielsweise des Modells nach Schwanda [17] lässt sich dabei einfach mit gängigen Tabellenkalkulationsprogrammen wie Microsoft Excel automatisieren.

Modell von Schwanda
Zunächst soll auf das Verfahren von Schwanda [17] näher eingegangen werden, das sich für die Berechnung der Packungsdichte von Sand- und Kiesgemischen bewährt hat.

Das Volumen eines Haufwerks V aus einzelnen Kugeln bzw. unregelmäßig geformten Körnern setzt sich zusammen aus dem Volumen der einzelnen Körner S sowie dem Volumen der Haufwerksporen H, die die Kornschüttung einschließt.

$$V = H + S \tag{4}$$

Sowohl S als auch H besitzen die Dimension eines Volumens. Der Quotient aus Haufwerksporen und Feststoffvolumen wird mit h bezeichnet und besitzt die Dimension [-] bzw. [Vol.-%]. Er kann mittels experimenteller Untersuchungen aus dem Verhältnis zwischen der Rohdichte ρ_{fest} und Schüttdichte $\rho_{Schütt}$ der Körnung (ggf. mit oder ohne Verdichtungsarbeit) nach Gleichung 5 berechnet werden zu:

$$h = H/S = \frac{\rho_{Fest}}{\rho_{Schütt}} - 1 \tag{5}$$

Im Folgenden werden nun zwei extreme Kornzusammensetzungen betrachtet (siehe Abbildungen 3 (a) und 3 (b)). In dem in Abbildung 3 (a) dargestellten Fall wird ein grobes Korngemisch mit einem Feststoffvolumen S_g und einem Hohlraumgehalt h_g betrachtet. Die Hohlräume dieser Körnung werden durch sehr viel feinere Sandpartikel mit einem Feststoffvolumen S_f und einem Hohlraumgehalt h_f aufgefüllt. Die grobe Körnung bezeichnet Schwanda als Grundkörnung und die feine Körnung als Beikorn. Der Feststoffvolumenanteil am Gesamtfeststoffvolumen beträgt jeweils $s_g = S_g/(S_g+S_f)$ bzw. $s_f = S_f/(S_g+S_f)$. Aus Abbildung 3 (a) wird ersichtlich, dass das zugegebene Volumen des Sandes zunächst nicht zum Volumen der Mischung beiträgt, da zunächst nur die Hohlräume innerhalb des Haufwerks der groben Körnung aufgefüllt werden.

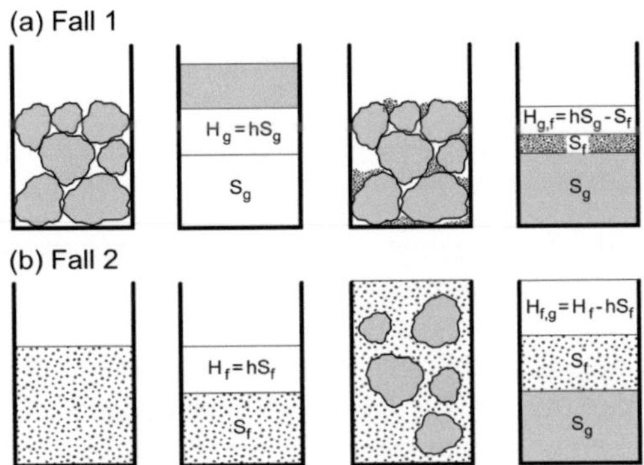

Abb. 3: Exemplarische Darstellung der von Schwanda untersuchten Kornpackungen (nach [17])

Das Hohlraumvolumen des Korngemischs kann entsprechend Gleichung 6 berechnet werden.

$$h_{g,f} = \frac{H_g - S_f}{S_g + S_f} = h_g - \alpha \cdot (h_g + 1) \cdot s_f \qquad (6)$$

Aus Abbildung 3 (a) ist leicht ersichtlich, dass der Hohlraumgehalt in dem zuvor beschriebenen Kornhaufwerk nur bis zu einer bestimmten Grenze minimiert werden kann, nämlich bis alle Haufwerksporen der groben Körnung mit kleineren Körnern (und wiederum Poren zwischen diesen) aufgefüllt sind.

Als anderes Extrem betrachtet Schwanda [17] mit Abbildung 3 (b) den Fall eines Korngemischs aus sehr feinen Körnern mit einem Hohlraumgehalt h_f, dem sukzessive gröbere Gesteinskörner mit einem Feststoffvolumen H_g zugegeben werden. Die feine Körnung bezeichnet Schwanda in diesem Fall als Grundkörnung und die grobe Körnung als Beikorn. Es ist offensichtlich, dass die zugegebenen Körner in diesem Fall nicht dazu dienen die Haufwerksporen der feinen Körnung aufzufüllen, da sie zu groß sind. Stattdessen werden die groben Gesteinskörner in die feine Körnung eingebettet und ihr Feststoffvolumen trägt zum Gesamtvolumen additiv bei. Der resultierende Hohlraumgehalt $h_{f,g}$ pro Volumeneinheit an grober und feiner Körnung ergibt sich somit zu:

$$h_{f,g} = \frac{H_f}{S_g + S_f} = h_f - \alpha \cdot h_f \cdot s_g \qquad (7)$$

Die beiden oben beschriebenen Extremwertbetrachtungen gehen zunächst davon aus, dass der Haufwerksporenanteil der einzelnen Körnungen, h_g bzw.

h_f, durch den Mischvorgang unbeeinflusst bleibt. Vergrößert man jedoch im ersteren Fall (siehe Abbildung 3 (a)) das Zugabevolumen der feinen Körnung über das Porenvolumen der groben Körnung hinaus, so schieben sich die feinen Sandkörner zwischen die grobe Körnung und beeinflussen somit deren Packungsdichte. Im übertragenen Sinne gilt dies auch für den in Bild 3 (b) dargestellten Fall. Zur Berücksichtigung dieser Wechselwirkung schlägt Schwanda die Einführung des Wichtungsfaktors α in Gleichungen 6 und 7 vor, wobei α Werte zwischen 0 und 1 annehmen kann.

Die Berechnung des Hohlraumgehalts gemäß Gleichungen 6 bzw. 7 erfordert zwingend Angaben zum Hohlraumgehalt der beiden Ausgangsmischungen h_g bzw. h_f. Derartige Angaben sind i. d. R. jedoch nicht ohne experimentellen Aufwand verfügbar. Vor diesem Hintergrund ist es zweckmäßig, Gleichungen 6 und 7 auf eine beliebig große Anzahl von Korngruppen n zu erweitern und diese als Einkorn-Haufwerke anzunehmen.

$$\left.\begin{matrix} h_1 \\ h_{..} \\ h_n \end{matrix}\right\} \xrightarrow{n \to \infty} k \qquad (8)$$

Der Hohlraumgehalt k eines Haufwerks aus Partikeln mit nur einem Durchmesser bzw. einem geringen Unterschied zwischen Größt- und Kleinstkorn kann aus theoretischen Überlegungen ermittelt werden und beträgt zwischen 0,35 bis 0,90. Untersuchungen von McGeary [18] zeigen, dass für k in guter Näherung Werte um $k = 0,60$ angenommen werden können. Die Anwendung dieses Modells ist dadurch auf Korngruppen mit einem Verhältnis von Größt- zu Kleinstkorn von $d_{max}/d_{min} = 2$ [-] beschränkt.

Eine weitere Verallgemeinerung des Modells betrifft die gegenseitige Beeinflussung des idealen Hohlraumgehalts zweier Korngruppen. Untersuchungen von Fennis [10] zeigen, dass die Packungsdichte – und damit der Hohlraumgehalt – einer feinen Körnung in der Nähe einer groben Körnung durch Wandeffekte gestört wird (siehe Abbildung 4).

Diese Störung berücksichtigt das Modell von Schwanda durch Einführung eines gewichteten Hohlraumgehalts a. Die Reichweite der Störung der Packungsdichte wird durch den Koeffizienten w nach Gleichung 9 beschrieben.

$$w_{s,i} = \log_2\left(\frac{d_i}{d_s}\right) \qquad (9)$$

Hierin bezeichnen d_i den mittleren Korndurchmesser des Beikorns und d_s den mittleren Korndurchmesser des Grundkorns, in dessen Poren das Beikorn eingepasst werden soll.

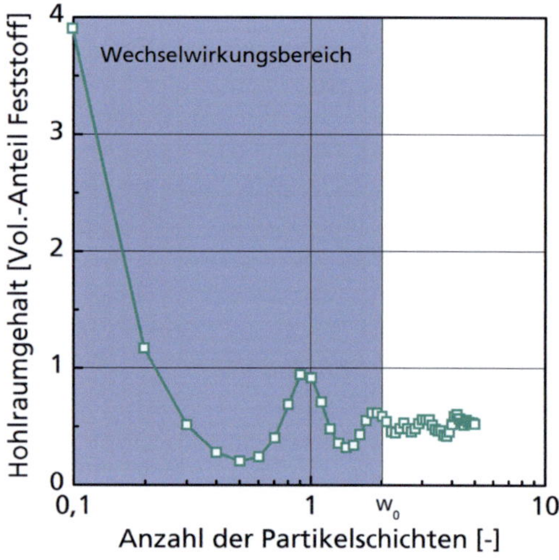

Abb. 4: Hohlraumgehalt k eines Einkorns in Nähe eines großen Korns bzw. einer Wand in Abhängigkeit vom Wandabstand [10]

Aus Abbildung 4 wird darüber hinaus deutlich, dass die Störung der Packungsdichte bzw. die Beeinflussung des Hohlraumgehalts mit zunehmendem Abstand von der störenden Oberfläche (d. h. der Wand) abnimmt. Ab einem Abstand w_0 ist dabei nahezu keine Störung mehr zu beobachten (vgl. Abbildung 4). Daher formuliert Schwanda die gewichteten Hohlraumgehalte a in Abhängigkeit von der Reichweite der Störung (siehe Gleichung 10).

$$a_{s,i} = \begin{cases} 1+k_s & \text{für } w_{s,i} \leq -w_0 \\[2mm] (1+k_s) \cdot \dfrac{-(2 \cdot w_0 w_{s,i} + w_{s,i}) - w_{s,i}^2}{w_0^2 + w_0} & \text{für } -w_0 < w_{s,i} < 0 \\[2mm] 0 & \text{für } w_{s,i} = 0 \\[2mm] k_s \cdot \dfrac{2 \cdot w_0 w_{s,i} + w_{s,i} - w_{s,i}^2}{w_0^2 + w_0} & \text{für } 0 < w_{s,i} < w_0 \\[2mm] k_s & \text{für } w_{s,i} \geq w_0 \end{cases} \qquad (10)$$

In Gleichung 10 bezeichnet k_s den Hohlraumgehalt jeder Einkornfraktion. Vereinfachend könnte hierbei k_s einheitlich zu k angenommen werden. Zur Berechnung des Hohlraumgehalts in einem Kornhaufwerk mit n quasi einkörnigen Fraktionen kann unter Berücksichtigung der Gleichungen 8 bis 10 somit geschrieben werden:

$$h_s = k_s - \sum_{i=1}^{n} (a_{s,i} \cdot s_i) \qquad (11)$$

Die Variable s_i bezeichnet den volumetrischen Feststoffanteil einer Kornfraktion am Gesamtfeststoffvolumen. Dies entspricht dem volumetrischen Anteil einer Siebfraktion an der Gesamtsieblinie. Zielsetzung der Mischungsentwicklung ist es, s_i so zu wählen, dass der Hohlraumgehalt h_s dabei minimal wird. Die Indizes s und i in Gleichung 11 geben an, dass die Wechselwirkung jeder der n Korngruppen mit allen anderen Korngruppen untersucht werden muss. Der minimale Hohlraumgehalt des Gemischs ergibt sich dann zu

$$h_{min} = \min\{h_s\} \quad \text{für } s = 1..n \qquad (12)$$

Die Anwendung des Modells von Schwanda wird durch das in Tabelle 4 aufgeführte Beispiel verdeutlicht. Insgesamt wurden hierzu n = 8 Kornfraktionen mit d_{max}/d_{min} = 2 ausgewählt. Der Hohlraumgehalt k_i wurde für alle Fraktionen vereinfachend zu k_i = k = 0,80 angenommen. Der Wechselwirkungsfaktor w wurde aus Versuchen zu w = 3 abgeleitet.

Tab. 4a: Wechselwirkungsfaktor $w_{s,i}$ nach Gleichung 9 zur Abbildung der Wechselwirkung einer Kornfraktion s mit den anderen Kornfraktionen gemäß dem Modell von Schwanda [17]

s =	d_{min}	d_{max}	$w_{s,i}$ nach Gleichung (9)							
	[mm]		i = 1	2	3	4	5	6	7	8
1	0,1	0,2	0,0	1,0	2,0	3,2	4,2	5,2	6,2	7,2
2	0,2	0,4	-1,0	0,0	1,0	2,2	3,2	4,2	5,2	6,2
3	0,4	0,9	-2,0	-1,0	0,0	1,2	2,2	3,2	4,2	5,2
4	0,9	1,8	-3,2	-2,2	-1,2	0,0	1,0	2,0	3,1	4,1
5	1,8	3,7	-4,2	-3,2	-2,2	-1,0	0,0	1,0	2,1	3,1
6	3,7	7,5	-5,2	-4,2	-3,2	-2,0	-1,0	0,0	1,0	2,0
7	7,5	15	-6,2	-5,2	-4,2	-3,1	-2,1	-1,0	0,0	1,0
8	15	30	-7,2	-6,2	-5,2	-4,1	-3,1	-2,0	-1,0	0,0

Tab. 4b: Gewichtete Hohlraumgehalte $a_{s,i}$ nach Gleichung 10 zur Abbildung der Wechselwirkung einer Kornfraktion s mit den anderen Kornfraktionen gemäß dem Modell von Schwanda [17]

s =	d_{min}	d_{max}	$a_{s,i}$ nach Gleichung (10) mit w nach Tab. 4a							
	[mm]		i = 1	2	3	4	5	6	7	8
1	0,1	0,2	0,00	0,40	0,67	0,80	0,80	0,80	0,80	0,80
2	0,2	0,4	0,90	0,00	0,40	0,70	0,80	0,80	0,80	0,80
3	0,4	0,9	1,50	0,90	0,00	0,45	0,70	0,80	0,80	0,80
4	0,9	1,8	1,80	1,57	1,02	0,00	0,40	0,67	0,80	0,80
5	1,8	3,7	1,80	1,80	1,57	0,90	0,00	0,41	0,68	0,80
6	3,7	7,5	1,80	1,80	1,80	1,52	0,93	0,00	0,41	0,67
7	7,5	15	1,80	1,80	1,80	1,80	1,53	0,91	0,00	0,40
8	15	30	1,80	1,80	1,80	1,80	1,80	1,51	0,90	0,00

Durch zeilenweises Einsetzen der Werte aus Tabelle 4 (b) in Gleichung 11 kann das Gleichungssystem 15 entwickelt werden, das nach den Anteilen der einzelnen Fraktionen an der gesamten Körnung s_i aufgelöst wird. Grundbedingung für alle Gleichungen ist dabei

$$h_s = h_1 = h_2 = \ldots = h_n \qquad (13)$$

Für s_i gilt weiterhin, dass die Summe aller Gesteinskornanteile 1 betragen muss.

$$\sum_{i=1}^{n} s_i = 1 \qquad (14)$$

Für das oben beschriebene Beispiel ergibt sich somit folgendes Gleichungssystem, das mittels gebräuchlicher Tabellenkalkulationsprogramme gelöst werden kann:

$$\left.\begin{array}{l} h_1 \overset{!}{=} h = k_1 - (0 \cdot s_1 + 0{,}4 \cdot s_2 + \ldots + 0{,}8 \cdot s_8) \\ \ldots \\ h_8 \overset{!}{=} h = k_8 - (1{,}8 \cdot s_1 + 1{,}8 \cdot s_2 + \ldots + 0 \cdot s_8) \end{array}\right\} \qquad (15)$$

Nach Auflösung des Gleichungssytems 15 unter Berücksichtigung von Gleichung 11 ergeben sich für die einzelnen Fraktionen die in Tabelle 4 (c) aufgeführten Sieblinienanteile.

Tab. 4c: Kornzusammensetzung mit dem geringsten Hohlraumgehalt für 8 Fraktionen nach dem Modell von Schwanda [17]

$s =$	d_{min}	d_{max}	s_s
	[mm]		[Vol.-%]
1	0,1	0,2	3,2
2	0,2	0,4	2,7
3	0,4	0,9	4,4
4	0,9	1,8	6,1
5	1,8	3,7	10,3
6	3,7	7,5	11,4
7	7,5	15	11,6
8	15	30	50,2

Der Vergleich der Lösung des Modells nach Gleichung 12 bzw. 15 mit der Regelsieblinie A32 nach DIN 1045-2 bzw. der Modellvorhersage der Kornverteilungskurve nach Funk und Dinger (siehe Gleichung 3, n = 0,66) belegt eine sehr gute Vorhersagegenauigkeit des Modells von Schwanda (siehe Abbildung 5). Für die im gegebenen Beispiel ermittelte Kornverteilungskurve berechnet das Modell von Schwanda einen Hohlraumgehalt von h_{min} = 4,2 Vol.-% bezogen auf das Feststoffvolumen der granularen Ausgangsstoffe. Der Vergleich mit experimentellen Untersuchungsergebnissen zur Packungsdichte von Rheinsand bzw. Rheinkies mit $h_{exp} \approx 25$

Vol.-% [19] belegt, dass das Modell von Schwanda die Packungsdichte des Gemischs stark überschätzt bzw. den Hohlraumgehalt signifikant unterschätzt. Hierbei muss jedoch beachtet werden, dass der Modellansatz von optimalen Packungsbedingungen ausgeht, die in natura nur durch eine zusätzliche Verdichtung erreicht werden können. Die Körner wurden durch das Modell so gepackt, dass sie sich gegenseitig berühren und dabei ein nur minimaler Hohlraumgehalt entsteht. Dieser Hohlraum muss nun mit Wasser und Zement gefüllt werden. Hierauf wird in Kapitel 3.4 näher eingegangen.

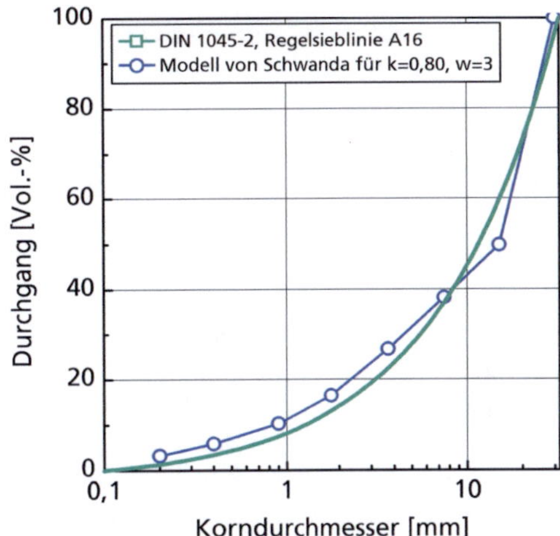

Abb. 5: Vergleich der Modellvorhersagen für eine Kornzusammensetzung mit optimaler Packungsdichte für die Modelle von Schwanda (siehe Gleichung 12; k = 0,80; w = 3) und Funk et al. (Gleichung 3, n = 0,66 entsprechend Regelsieblinie A32, DIN 1045-2)

Eine weiterentwickelte Anwendung des Schwanda-Modells stellt Teichmann in [20] vor. Er verknüpft seine Packungsdichteberechnungen mit einem Modell zur Beschreibung der Hydratation und Mikrostrukturentwicklung in Beton (siehe auch [21]).

Compressible-Interaction Packing Model

Das Compressible-Interaction Packing Model von Fennis [10] stellt eine Weiterentwicklung des sog. Compressible Packing Models von de Larrard [22] dar. Ähnlich wie das Modell von Schwanda ist es in der Lage, Wechselwirkungen zwischen den einzelnen Partikeln sowie Wandeinflüsse zu berücksichtigen. Gleichzeitig unterscheidet sich das Modell jedoch signifikant von dem zuvor genannten durch Einführung des Einflusses der Verdichtungsenergie auf die Packungsdichte des Gemisches. Nach Fennis bzw. de Larrard kann die maximal mögliche Packungsdichte $\phi_{p,max}$ nur erreicht werden, wenn das Haufwerk durch Zufuhr von Rüttelenergie verdichtet wird. Andernfalls wird nur ein Wert $\phi_p < \phi_{p,max}$ erreicht. Der Erfolg der Verdichtung ist weiterhin von der Art des Zwischenmediums in den Haufwerksporen abhängig und wird durch den Verdichtungsfaktor K abgebildet.

Die Modelle von de Larrard bzw. Fennis sind in ihrem mathematischen Aufbau äußerst komplex und können nur noch computergestützt genutzt werden. Auf die Wiedergabe der zugrundeliegenden Gleichungen wird daher im vorliegenden Beitrag verzichtet. Nähere Informationen zu den jeweiligen Modellen sind den Originalquellen zu entnehmen [10, 22]. Sowohl das Modell von de Larrard und noch mehr das Modell von Fennis liefern eine sehr gute Abschätzung der Packungsdichte eines Kornhaufwerks.

3.2 Experimentelle Bestimmung der Packungsdichte

Für die experimentelle Bestimmung der Packungsdichte von Bindemittelgemischen bzw. Partikelhaufwerken werden in der internationalen Literatur mehrere Verfahren empfohlen. Einen guten Überblick sowie eine vergleichende Bewertung der Verfahren gibt Fennis [10].

Nachfolgend wird kurz auf das Puntke-Verfahren eingegangen, das seit vielen Jahren auch durch die Autoren genutzt wird [23]. Der Grundgedanke des Puntke-Verfahrens besteht in dem Ansatz, dass der Hohlraum in einem Kornhaufwerk durch Zugabe von Wasser und anschließendem Mischen einfach aufgefüllt werden kann. Die Packungsdichte des Haufwerks ist dann erreicht, wenn zusätzlich zugegebenes Wasser keinen Platz mehr in den Haufwerksporen findet. Dieses Wasser schlägt sich in einem Wasserfilm an der Oberseite des Gemischs nieder und führt zu einer signifikanten Veränderung der Lichtreflexion an der Oberfläche.

In der praktischen Umsetzung wird eine definierte Menge eines Partikelgemischs mit bekannter Dichte eingewogen. Das Volumen der Partikel kann aus der Masse der einzelnen Fraktionen m_i und deren Dichte ρ_i berechnet werden zu

$$V_p = \frac{m_1}{\rho_1} + \dots + \frac{m_n}{\rho_n} \tag{16}$$

Die Partikelmischung wird zunächst trocken durchgemischt und homogenisiert. Anschließend wird schrittweise Wasser zugegeben, die Zugabemenge an Wasser durch Wägung erfasst und das Gemisch gründlich durchgemischt. Sobald die Packungsdichte erreicht ist, kommt es zu der oben beschriebenen Wasserfilmbildung an der Oberfläche des Gemischs. Mit Hilfe des bis zu diesem Zeitpunkt zugegebenen Wasservolumens V_w kann die Packungsdichte des Gemischs ϕ_p berechnet werden zu

$$\phi_p = \frac{V_p}{V_w + V_p} \tag{17}$$

Das Verfahren zeichnet sich besonders durch seine einfache Handhabbarkeit bei geringem Geräteaufwand aus. Es liefert weiterhin gut reproduzierbare Werte.

3.3 Wahl der Bindemittelzusammensetzung

Ausgangspunkt für die Auswahl der Ausgangsstoffe zur Herstellung ökologisch optimierter Betone stellen die Ökobilanzdaten der einzelnen Stoffe dar (siehe Kapitel 2). Hieraus wird deutlich, dass es Zielsetzung der Mischungsentwicklung sein muss, den Gehalt an Ausgangsstoffen mit ausgeprägtem Umwelteinfluss gegenüber Stoffen mit geringem Umwelteinfluss zu reduzieren. In der Praxis ist dies gleichbedeutend mit einer Reduktion des Zementgehalts (d. h. des Gehalts an Portlandzementklinker) und der Verwendung geeigneter Ersatzstoffe. Der Einsatz von Bindemitteln wie Flugasche und Hüttensand als Ersatzstoffe für Zement ist aus ökologischen Gründen jedoch nur dann sinnvoll, wenn diese rein als Abfallprodukte bewertet werden und ihre Umweltwirkung nicht in der Ökobilanz berücksichtigt werden muss (vgl. Kapitel 2). Als Alternative mit sehr geringem ökologischem Einfluss kommen beispielsweise Gesteinsmehle wie Kalksteinmehl oder Quarzsand in Frage.

3.3.1 Ermittlung der erforderlichen Packungsdichte eines Mehrkomponenten-Bindemittels

Die Leistungsfähigkeit des Gemischs aus Portlandzement und Ersatzstoff in Bezug auf die aus der Hydratation resultierende Festigkeit und Porenstruktur kann mithilfe des äquivalenten Wasserzementwerts $\omega_{eq.}$ bewertet werden.

$$\omega_{eq.} = \left(\frac{W}{Z}\right)_{eq.} = \frac{W}{Z + k \cdot R} \tag{18}$$

Hierin bezeichnet k den Anrechenbarkeitsbeiwert für einen Zusatzstoff mit der Masse   nach DIN 1045-2 [16]. Die Variablen W und Z bezeichnen wie üblich den Wasser- bzw. Zementgehalt in Masseeinheit.

Beim Austausch von Zement durch einen Zusatzstoff stehen dem Anwender i. d. R. zwei Wege offen: Im häufigsten Fall wird die Bindemittelmasse B im Beton konstant gehalten und ein bestimmter Anteil der Masse des Zements durch einen Anteil des entsprechenden Zusatzstoffs ausgetauscht. Bei konstanter Gesamtmasse B des Bindemittels vergrößert sich i. d. R. das Volumen des resultierenden Bindemittelgemischs, da beispielsweise Flugasche, Hüttensand oder Silikastaub eine geringere Dichte als der Zement aufweisen. Alternativ zu dieser Vorgehensweise kann ein Teil des Volumens des Zements durch ein anderes Bindemittel ausgetauscht werden. Dadurch verringert sich jedoch i. d. R. die Bindemittelmasse.

Nachfolgend wird gezielt auf den zuerst beschriebenen Fall (konst. Bindemittelmasse; massebezog. Bindemittelaustausch) eingegangen, da dieser den baupraktisch wichtigeren darstellt. Für den Austausch von Zement durch n Ersatzstoffe gilt somit:

$$B = \text{const.} = Z + \sum_{i=1}^{n} R_i = \text{const.} \tag{19}$$

und

$$R_i = r_i \cdot B \, [kg] \tag{20}$$

wobei r_i den Masseanteil des Zusatzstoffs R_i an der Gesamtmasse des Bindemittels angibt. Die Summe aller r_i muss somit 1 betragen.

$$\sum r_i = 1 \tag{21}$$

Der Wassergehalt W, der zur Herstellung eines Bindemittelgemisches zur Verfügung steht, kann aus Gleichung 22 dann berechnet werden zu

$$W = \omega_{eq.} \cdot \left[(1 - \sum_{i=1}^{n} r_i) + \sum_{i=1}^{n} (k_i \cdot r_i) \right] \cdot B \tag{22}$$

Im Idealfall reicht die über den W/Z-Wert bereitgestellte Menge an Wasser gerade aus, um alle Hohlräume im Kornhaufwerk des Bindemittelgemisches zu füllen. Es gilt dann:

$$\phi = \frac{V_z + V_R}{V_w + V_z + V_R} = \frac{\dfrac{z}{\rho_z} + \sum\limits_{i=1}^{n} \dfrac{R_i}{\rho_i}}{\dfrac{W}{\rho_W} + \dfrac{z}{\rho_z} + \sum\limits_{i=1}^{n} \dfrac{R_i}{\rho_i}} \tag{23}$$

Mit Hilfe der Gleichungen 19 bis 24 kann somit die Mindestpackungsdichte $\phi_{p,min}$ berechnet werden, die mindestens erforderlich ist, damit der aus dem äquivalenten W/Z-Wert resultierende Wassergehalt ausreicht, um noch alle Hohlräume des Kornhaufwerks zu füllen.

$$\phi_{p,min} = \frac{\dfrac{(1 - \sum\limits_{i=1}^{n} r_i)}{\rho_z} + \sum\limits_{i=1}^{n} \dfrac{r_i}{\rho_i}}{\dfrac{\omega_{eq.} \cdot \left[(1 - \sum\limits_{i=1}^{n} r_i) + \sum\limits_{i=1}^{n} (k_i \cdot r_i) \right]}{\rho_W} + \dfrac{(1 - \sum\limits_{i=1}^{n} r_i)}{\rho_z} + \sum\limits_{i=1}^{n} \dfrac{r_i}{\rho_i}} \tag{24}$$

Für nur zwei Ausgangsstoffe – Zement und Flugasche – vereinfacht sich Gleichung 24 zu:

$$\phi_{p,min} = \frac{\dfrac{1 - r_{FA}}{\rho_z} + \dfrac{r_{FA}}{\rho_{FA}}}{\dfrac{\omega_{eq.} \cdot \left[(1 - r_{FA}) + k_{FA} \cdot r_{FA} \right]}{\rho_W} + \dfrac{1 - r_{FA}}{\rho_z} + \dfrac{r_{FA}}{\rho_{FA}}} \tag{25}$$

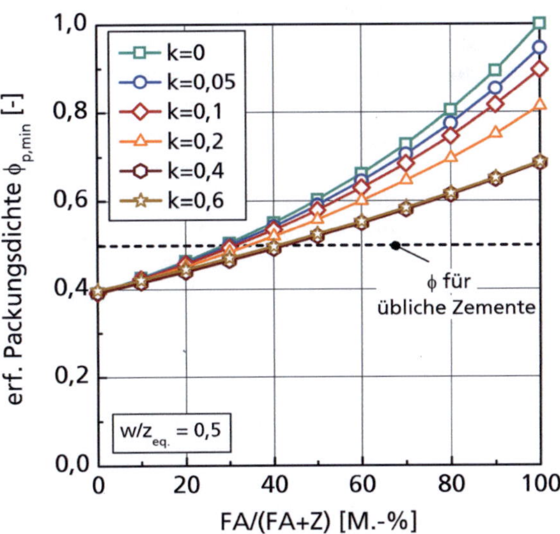

Bild 6   Minimale Packungsdichte $\phi_{p,min}$, die erforderlich ist, damit die aus dem äquivalenten W/Z-Wert resultierende Zugabemenge an Wasser ausreicht, um den Hohlraumgehalt des Bindemittelgemischs auszufüllen; für Zement-Flugasche-Gemische mit konstanter Gesamtmasse aber unterschiedlichen Anteilen von Flugasche an der Gesamtbindemittelmasse; links: für variable $W/Z_{eq.}$-Werte bei konstantem Anrechenbarkeitsbeiwert $k_{FA} = 0{,}4$; rechts: für $W/Z_{eq.} = 0{,}5$ und variablem k-Wert; Berechnung nach Gleichung 25; Packungsdichte marktüblicher Zemente $\phi_p = 0{,}45$ bis $0{,}60$

Das Ergebnis von Gleichung 25 ist für verschiedene Wasserzementwerte bzw. Anrechenbarkeitsbeiwerte (k-Werte) in Bild 6 dargestellt. Als Rohdichte wurden für den Zement $\rho_z = 3{,}1$ kg/dm³ und für Flugasche $\rho_{FA} = 2{,}3$ kg/dm³ angesetzt.

Aus Abbildung 6 wird deutlich, dass mit abnehmendem äquivalenten W/Z-Wert, der Austausch von Zement durch einen Zusatzstoff – im vorliegenden Fall durch Flugasche mit einem Anrechenbarkeitsbeiwert von k = 0,4 – die Packungsdichte des Bindemittelgemischs zwingend zunehmen muss, damit die zugegebene Wassermenge ausreicht, um alle Haufwerksporen zu füllen.

Abbildung 6 zeigt weiterhin, dass hohe Austauschraten von Zement durch Ersatzstoffe bei Beibehaltung des äquivalenten W/Z-Werts – und damit annähernd gleichbleibender Druckfestigkeit und Dauerhaftigkeit – nur möglich sind, wenn gleichzeitig die Packungsdichte des Bindemittelgemischs signifikant gesteigert wird. Dies gilt insbesondere für Ersatzstoffe mit geringem Beitrag zur Hydratation bzw. Festigkeitsbildung (siehe Abbildung 6, rechts, für k →0).

Nicht berücksichtigt in den vorangegangenen Ausführungen wurde bislang der Einfluss des Wassergehalts bzw. der Packungsdichte des Partikelgemischs auf die Konsistenz des resultierenden Bindemittelleims. Bereits aus der Anschauung ist ersichtlich, dass Partikel-Wasser-Gemische, bei denen der Wassergehalt gerade dem Mindestgehalt an Wasser entspricht um alle Haufwerksporen zu füllen, eine schlechte Verarbeitbarkeit aufweisen werden. Dies ist auf die innere Reibung zwischen den einzelnen Partikeln zurückzuführen, da diese in direktem mechanischen Kontakt stehen. Weiterhin neigen insbesondere sehr feine Partikel zu einer Agglomerierung, durch die die Packungsdichte weiter reduziert wird und zusätzliche Mengen an Wasser in Hohlräumen innerhalb des Agglomerats gebunden werden. Die Konsistenz der Mischung kann jedoch verbessert werden, indem der Wassergehalt der Mischung gesteigert wird oder der Gehalt an Partikeln reduziert wird. Beide Ansätze hätten jedoch eine Veränderung des vorgegebenen W/Z-Werts zur Folge und scheiden somit als Möglichkeit aus. Die einzig verbleibende Möglichkeit besteht darin, die Packungsdichte des Partikelgemischs zu steigern. Hierdurch wird eine definierte Menge an Wasser ΔW, das ursprünglich zur Füllung von Haufwerksporen im Partikelgemisch benötigt wurde, freigesetzt und steht nun als „Schmiermittel" zur Minimierung der Partikelreibung zur Verfügung. In der Praxis ist der Mehrbedarf an Wasser i. d. R. aus Erfahrung bekannt und beträgt zwischen 20 % bis 30 % des Wassergehalts zur Füllung der Haufwerksporen. Die aufgrund des zusätzlichen Wasserbedarfs erforderliche Steigerung der minimal erforderlichen Packungsdichte $\Delta\phi_{p,min}$

kann somit als Funktion des Wassermehrbedarfs θ_W nach Gleichung 26 berechnet werden zu:

$$\Delta\phi_{p,min} = \frac{\dfrac{\omega_{eq.}\cdot\left[\left(1-\sum\limits_{i=1}^{n}r_i\right)+\sum\limits_{i=1}^{n}(k_i\cdot r_i)\right]}{\rho_W}\cdot\theta_W}{\dfrac{\omega_{eq.}\cdot\left[\left(1-\sum\limits_{i=1}^{n}r_i\right)+\sum\limits_{i=1}^{n}(k_i\cdot r_i)\right]}{\rho_W}\cdot(1+\theta_W)+\dfrac{\left(1-\sum\limits_{i=1}^{n}r_i\right)}{\rho_z}+\sum\limits_{i=1}^{n}\dfrac{r_i}{\rho_i}} \tag{26}$$

Hierin bezeichnet θ_W den Wasseranteil, um den der Wassergehalt zur Sicherstellung der Konsistenz gesteigert werden müsste. Für θ_W gilt:

$$\theta_W = \frac{\Delta W}{W} \tag{27}$$

Die minimal erforderliche Packungsdichte eines Bindemittelgemisches bei der eine ausreichende Verarbeitbarkeit sichergestellt ist, errechnet sich somit zu

$$\phi_{p,min,rheo} = \phi_{p,min} + \Delta\phi_{p,min} \tag{28}$$

Der Term $\phi_{p,min}$ in oben stehender Gleichung kann mittels Gleichung 24 berechnet werden. Für Zementleime mit einem W/Z-Wert von 0,5, bei denen Zement durch Flugasche mit einem Anrechenbarkeitsbeiwert $k = 0{,}4$ ausgetauscht wurde, ergibt sich das in Abbildung 7 dargestellte Diagramm.

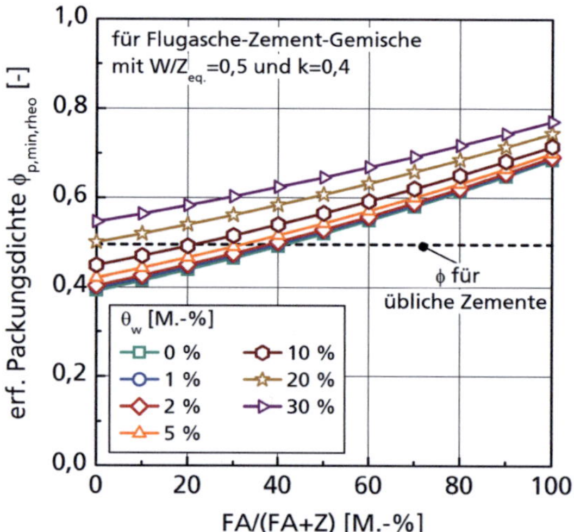

Abb. 7: Minimal erforderliche Packungsdichte $\phi_{p,min,rheo}$, die erforderlich ist, damit die aus dem äquivalenten W/Z-Wert resultierende Zugabemenge an Wasser ausreicht, um den Hohlraumgehalt des Bindemittelgemischs auszufüllen sowie eine ausreichende Konsistenz der Mischung sicherzustellen; für Zement-Flugasche-Gemische; Erläuterungen siehe Text

Aus Abbildung 7 ist klar ersichtlich, dass bei einem aus Verarbeitungsgründen resultierenden Wassermehrbedarf θ_W von üblichen 20 M.-% bis 30 M.-% gegenüber dem minimalen Wasseranspruch des Kornhaufwerks, die Packungsdichte $\phi_{p,min,rheo}$ der Mischung mit zunehmendem Austausch von Zement durch Flugasche immer weiter gesteigert werden muss. Der Wassermehrbedarf θ_W kann jedoch durch Verwendung eines Fließmittels minimiert werden (1-10 M.-% anstatt 20-30 M.-%).

3.3.2 Leistungsfähigkeit verschiedener Zementersatzstoffe

Die Leistungsfähigkeit einzelner Zementersatzstoffe im Hinblick auf die Festigkeitsbildung eines Betons wurde in den in Abschnitt 3.3.1 vorgestellten Berechnungen vereinfacht über das Anrechenbarkeitsprinzip (k-Wert-Prinzip) nach DIN 1045-2 [16] abgebildet (siehe auch [24; 25]). Insbesondere bei hohen Zugabemengen muss jedoch beachtet werden, dass die in DIN 1045-2 vorgegebenen k-Werte ggf. ihre Gültigkeit verlieren. Gleiches gilt, wenn anstatt nur einem Ersatzstoff mehrere Ersatzstoffe in großen Mengen zum Einsatz kommen. Das oben beschriebene Prinzip behält dann zwar dennoch seine Gültigkeit, jedoch müssen die einzelnen k-Werte ggf. durch experimentelle Untersuchungen angepasst werden. Dies gilt insbesondere für Ersatzstoffe, die entweder keine direkte chemische Reaktivität aufweisen (z. B. Gesteinsmehle) oder die eine veränderte Reaktivität des Zements bewirken. Weiterhin muss verstärkt der Gedanke der Gewährleistung einer äquivalenten Dauerhaftigkeit bei der Ermittlung der k-Werte in den Vordergrund gerückt werden. Einen hervorragenden Überblick über den Einfluss verschiedener Zementersatzstoffe auf die Packungsdichte, Festigkeitsbildung und Mikrostrukturentwicklung von Beton gibt Teichmann [19].

Nachfolgend wird kurz auf ausgewählte – für Deutschland relevante – Ersatzstoffe eingegangen. Für weitergehende Informationen wird auf den Beitrag von Müller [26] im vorliegenden Tagungsband sowie auf weiterführende Literatur verwiesen. Einen guten Überblick über die Verwendung von Zementersatzstoffen gibt beispielsweise auch das DAfStb-Heft 569 [27]. Grundsätzlich muss bei allen Ersatzstoffen ihre entsprechende Verfügbarkeit beachtet werden. Hierbei zeichnen sich insbesondere Gesteinsmehle durch eine nahezu unbegrenzte Verfügbarkeit aus. Bei den Stoffen Flugasche und Hüttensand sind hingegen bereits heute die Verfügbarkeitsreserven relativ gering [28; 29].

Flugasche
Umfangreiche Untersuchungen zum Einfluss großer Mengen an Flugasche wurden zum Beispiel von Durán-Herrera et al. [30] vorgestellt. Die Autoren tauschten dabei Portlandzement durch Flugasche in unterschiedlichen Gehalten, bei jedoch konstantem W/(Z+FA)-Wert unter vollständiger Anrechnung der gesamten Menge an Flugasche (Anrechenbarkeitsbeiwert k = 1,0) aus. Im Vergleich zu dem in Deutschland üblichen k-Wert-Ansatz wäre dies mit einer schrittweisen Verschiebung des äquivalenten W/Z-Werts gleichzusetzen. Dies spiegelt sich auch in den in Abbildung 8 dargestellten Versuchsergebnissen zur Druckfestigkeit der Betone wieder. Mit zunehmender Austauschrate ist ein signifikanter Rückgang der Druckfestigkeit zu beobachten.

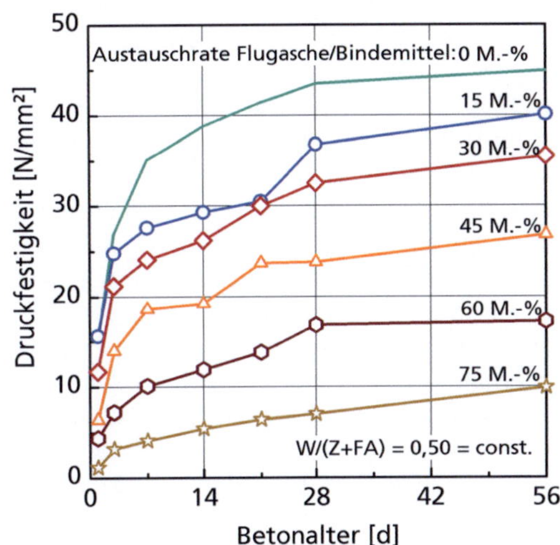

Abb. 8: Druckfestigkeit von Flugaschebeton in Abhängigkeit vom Prüfalter und der Austauschrate bei konstantem W/(Z+FA)-Verhältnis (Flugasche wurde mit k = 1,0 auf den Zement angerechnet)

Bei der Interpretation der Ergebnisse von Durán-Herrera et al. [30] muss weiterhin beachtet werden, dass die von den Autoren verwendete Flugasche eine sehr grobe Partikelgrößenverteilung aufwies (d_{50} = 85 µm) und die Flugasche somit nur sehr eingeschränkt mit in Deutschland üblichen Produkten vergleichbar ist.

Untersuchungen zum Carbonatisierungswiderstand von Flugaschebetonen wurden von Younsi et al. [31] durchgeführt. Hierbei wurde bei konstantem äquivalenten W/Z-Wert mit W/$Z_{eq.}$ = 0,60 Portlandzement durch 30 M.-% bzw. 50 M.-% Flugasche ausgetauscht. Die Flugasche wurde in gesamter Menge mit einem Anrechenbarkeitsfaktor von k = 0,60 auf den W/Z-Wert angerechnet. Die Untersuchungsergebnisse belegen, dass unter Anwendung des k-Wert-Konzepts, sowohl eine vergleichbare Druckfestigkeit als auch Dauerhaftigkeit der untersuchten Betone gegeben war.

Weiterführende Informationen zu den Eigenschaften von Flugaschebetonen finden sich in [32-34].

Hüttensand

Hüttensand zählt neben Flugasche zu den wichtigsten Zementersatzstoffen in Deutschland. Der Erfahrungsschatz über die Anwendung hüttensandhaltiger Betone beträgt inzwischen über 100 Jahre. Die Normen DIN EN 197-1 [35] und DIN 1164 [36] gestatten derzeit Zementaustauschraten zwischen 6 M.-% bis 95 M.-%. Die Eigenschaften des damit hergestellten Kompositzements sind jedoch stark von der Art des verwendeten Klinkers bzw. Hüttensands abhängig. Aus einer pessimalen Betrachtung wurde ein k-Wert von k = 0,40 für Hüttensand in Deutschland festgelegt. Erfahrungen aus anderen Ländern belegen jedoch, dass mit Hüttensand k-Werte von bis zu 1,0 erreicht werden können [37]. Einen guten Überblick über die Verwendung von Hüttensand als Zementersatzstoff gibt [27]. Danach weisen hüttensandhaltige Betone tendenziell bessere Frischbetoneigenschaften auf als reine Portlandzementbetone, jedoch ist ihre Festigkeitsentwicklung ggf. stark verlangsamt. Damit einher geht eine signifikant reduzierte Hydratationswärmeentwicklung, was sich wiederum positiv auf die Entwicklung von Eigen- und Zwangsspannungen insbesondere in massigen Bauteilen auswirkt. Die Dauerhaftigkeit von mit Hüttensandzement hergestellten Betonen ist durch eine von der Nachbehandlung abhängige, erhöhte Carbonatisierung und eine reduzierte Frostbeständigkeit bei hohen Austauschraten gekennzeichnet.

Kalksteinmehl

Umfangreiche Untersuchungen zum Einfluss von Kalksteinmehlen auf die Hydratation von Portlandzement belegen einen signifikanten Einfluss geringer Mengen dieser Mehle auf die Festigkeitsentwicklung, insbesondere im frühen Alter.

Untersuchungen von Poppe et al. [38] zum Einfluss von Kalksteinmehl auf die Hydratation von Portlandzement zeigen, dass Kalksteinmehl die Induktionsperiode und damit die Verarbeitungsdauer des Frischbetons deutlich verkürzen kann. Dies wird auch durch Kalorimetriedaten von Mounanga et al. [39] und Ye et al. [40] sowie durch eigene Messungen [41] bestätigt und steht im Einklang mit den Ergebnissen von [42-44], wonach insbesondere in der frühen Phase der Hydratation in Anwesenheit von Calciumcarbonat neben Ettringit auch Monocarbonatphasen gebildet werden. Umfangreiche Untersuchungen von Bonavetti et al. [46] zeigen darüber hinaus, dass der Einfluss von Kalksteinmehl auf die Hydratation mit abnehmendem W/Z-Wert stark zunimmt.

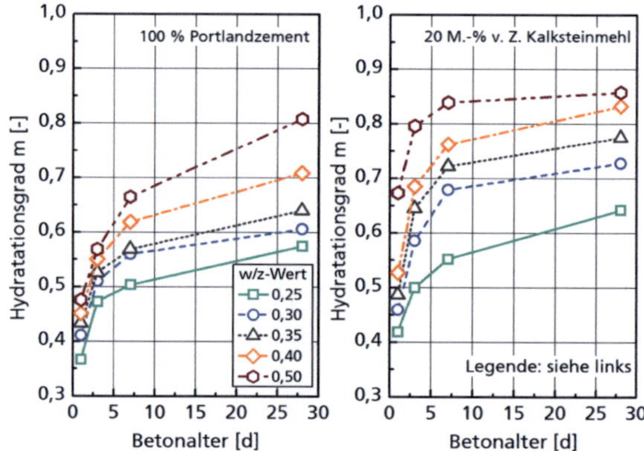

Abb. 9: Einfluss einer Kalksteinmehlzugabe auf die zeitliche Entwicklung der Betonfestigkeit [46]

Abbildung 9 verdeutlicht, dass der Hydratationsgrad *m* durch Austausch von 10 M.-% (nicht dargestellt) bzw. 20 M.-% des Zementklinkers durch Kalksteinmehl (bei gemeinsamer Vermahlung) bei einem W/Z-Wert zwischen 0,3 und 0,4 um 14 % bzw. 22 % gegenüber der Mischung ohne Kalksteinmehlzugabe gesteigert werden kann (vgl. [45]). Weiterhin wird aus Abbildung 9 die beschleunigende Wirkung von Kalksteinmehl ersichtlich. Insbesondere für übliche W/Z-Werte im Bereich von ca. 0,4 bis 0,5 ist ab einem Betonalter von ca. 7 Tagen nur noch eine geringfügige Steigerung des Hydratationsgrads *m* zu beobachten. Die Autoren begründen dies mit einer gesteigerten Feinheit des Zements infolge der gemeinsamen Vermahlung mit dem Kalkstein sowie mit einer verstärkten Nukleation von Hydratphasen an feinen Kalksteinmehlpartikeln. Dieser Effekt kann beispielsweise gezielt zur Aussteuerung der Reaktivität von Kompositzementen genutzt werden. Mounanga et al. [39] stellten hierbei fest, dass die Reaktivität von Hüttensand- bzw. Flugaschezementen erheblich durch Zugabe geringer Mengen an Kalksteinmehl gesteigert werden kann (siehe Abbildung 10).

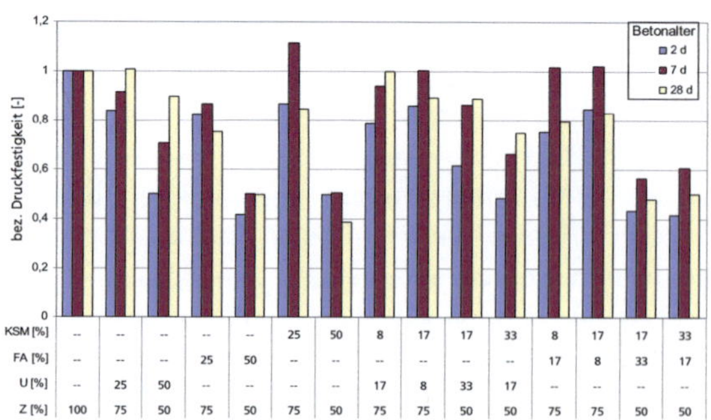

Abb. 10: Druckfestigkeit bezogen auf eine Referenzmischung für unterschiedliche Zusatzstoffe (Hüttensand – U; Steinkohlenflugasche – FA; Kalk-steinmehl – KSM) bez. auf die gesamte Bindemittelmenge [39]

Im Hinblick auf die Dauerhaftigkeit von Portlandkalksteinzementbetonen zeigen vergleichende Untersuchungen von Müller et al. [47] an reinen Portlandzementbetonen und Portlandkalksteinzementbetonen, dass sich der Carbonatisierungswiderstand durch Austausch von Portlandzementklinker durch Kalksteinmehl tendenziell verschlechtert. Die Autoren führen dies auf den geringeren Portlanditgehalt in Portlandkalksteinzementbetonen zurück. Dieses Ergebnis wird durch Untersuchungen von Dhir et al. [48] bestätigt. Untersuchungen zur Frostbeständigkeit von Portlandkalksteinzementbetonen in [47] ergaben keine nachteiligen Effekte einer Kalksteinmehlzugabe. Grundsätzlich muss bei beiden genannten Dauerhaftigkeitsangriffen jedoch beachtet werden, dass die Austauschrate bei den zugrundeliegenden Untersuchungen beschränkt war.

Silikastaub

Silikastaub besteht überwiegend aus amorphen Silikaten und weist i. d. R. eine nanoskalige Korngröße auf. Aufgrund der geringen Korngröße wirkt Silikastaub, ähnlich wie auch Kalksteinmehl, keimbildend für das Wachstum von Hydratationsprodukten [49]. Im alkalischen Millieu des Portlandzementleims reagiert Silikastaub darüber hinaus mit Calciumhydroxit und Wasser unter Bildung von Calciumsilikathydratphasen. Silikastaub kann daher nach DIN 1045-2 [16] mit einem k-Wert von 1,0 auf den Zementgehalt angerechnet werden. Der Einsatz großer Mengen an Silikastaub scheitert i. d. R. aus Gründen der Wirtschaftlichkeit. Durch die puzzolane Reaktion des Silikastaubs ist mit zunehmender Zugabemenge auch ein Abfall des pH-Werts der Porenlösung verbunden. Dies wirkt sich wiederum negativ auf den Schutz der Bewehrung vor Korrosion aus.

Quarzmehle

Die Verwendung von Quarzmehlen und Quarzfeinsanden hat sich insbesondere bei der Herstellung ultrahochfester Betone etabliert. Die Partikelgröße dieser Stoffe beträgt meist zwischen 10 µm und 100 µm. Untersuchungen von Fennis [10] zeigen, dass mit zunehmender Mahlfeinheit ein geringfügiger Beitrag des von ihm verwendeten Quarzmehls zur Festigkeitsbildung des Betons verzeichnet werden konnte. Dies bestätigen auch grundlegende Untersuchungen von Vogt [50] und Stark [51], die analog zu den Beobachtungen beim Kalksteinmehleinsatz im Quarzmehl eine keimbildende Wirkung beobachteten. Vogt stellte darüber hinaus eine chemische Reaktivität des Quarzmehls fest, die mit zunehmender Temperatur stark zunimmt. Er führt dies auf die durch den Mahlvorgang gestörte Atomgitterstruktur an der Partikeloberfläche zurück. Teichmann untersuchte gezielt den Einfluss unterschiedlicher Quarz

mehle auf die Packungsdichte und Festigkeitsentwicklung von Betonen [52].

3.4 Entwicklung der Betonrezeptur

Für die Mischungsentwicklung von ökologisch optimiertem Beton stehen dem planenden Betontechnologen grundsätzlich zwei verschiedene Methoden zur Verfügung. Auf beide Ansätze wird nachfolgend eingegangen. Hierbei kommen die in den vorangegangenen Abschnitten vorgestellten Methoden der Ökobilanzierung, der Packungsdichteoptimierung sowie der Bindemittelentwicklung zum Einsatz.

3.4.1 Getrennte Optimierung der Bindemittel- und der Gesteinskornzusammensetzung

Analog zur Vorgehensweise bei herkömmlichem Normalbeton werden bei diesem Ansatz sowohl das Bindemittel als auch die Gesteinskörnung jeweils getrennt hinsichtlich ihrer Leistungsfähigkeit bzw. ihrer Packungsdichte optimiert. Die Aussteuerung des Bindemittels erfolgt dabei zumeist durch den Zementhersteller. Der in den Kapiteln 3.1 bis 3.3 beschriebene Ansatz zur Bindemitteloptimierung kann jedoch auch durch den Betonhersteller eingesetzt werden.

Grundvoraussetzung für die erfolgreiche Anwendung des Verfahrens ist, dass die Korngrößenverteilungen des (optimierten) Bindemittels und die der Gesteinskörnung sich nicht überschneiden. Bei einem hinreichend großen Abstand zwischen dem Größtkorn des Bindemittels und dem Kleinstkorn der Gesteinskörnung ist sichergestellt, dass es zu keiner ungünstigen, gegenseitigen Beeinflussung der Gesamtpackungsdichte kommt. In der Gesamtkorngrößenverteilung führt diese Vorgehensweise zu einer Art Ausfallsieblinie. Untersuchungen in [18] zeigen beispielsweise, dass derartige Ausfallkörnungen eine höhere Packungsdichte aufweisen können als Bindemittel-Gesteinskorngemische mit einer stetigen Sieblinie.

Nach erfolgreicher Packungsdichteoptimierung müssen die Hohlräume im Kornhaufwerk durch Wasser bzw. durch Bindemittelleim aufgefüllt werden. Hierzu muss zunächst der Gehalt an Gesteinskörnung S_{GK} pro Kubikmeter Beton ermittelt werden. Die Grundlage hierfür bildet dabei der pro Feststoffvolumen der Gesteinskörnung gebildete Hohlraumgehalt h_{min}. Dieser kann beispielsweise mittels der in Kapitel 3.1 vorgestellten Verfahren berechnet oder aber mit dem Puntke-Versuch nach Kapitel 3.2 experimentell bestimmt werden.

$$S_{GK} = \frac{1000 \text{ dm}^3}{(1 + h_{min})} \tag{29}$$

In einem nächsten Schritt können der Gehalt an Zementleim und unter Kenntnis des W/Z-Werts (im Folgenden mit ω abgekürzt) der Zement- und Wassergehalt, Z bzw. W, berechnet werden.

$$V_{Leim} = \frac{Z}{\rho_z} + \frac{W}{\rho_w} = 1000 \ dm^3 - S_{GK} \qquad (30)$$

$$Z = \frac{V_{Leim}}{\dfrac{1}{\rho_z} + \dfrac{\omega}{\rho_w}} \quad und \quad W = Z \cdot \omega \qquad (31)$$

Als Bindemittel kommen bei einer derartigen Optimierung i. d. R. Portlandkompositzemente auf Basis von Portlandzementklinker mit mehreren Nebenbestandteilen, wie Flugasche, Hüttensand, Silikastaub oder Kalksteinmehl zum Einsatz. Auch Hochofenzemente sind der Gruppe der ökologisch optimierten Bindemittel zuzurechnen. Durch den Bindemittelhersteller wird dabei sichergestellt, dass der bindemitteloptimierte Beton bei gleichem W/Z$_{eq.}$-Wert grundsätzlich dieselbe Leistungsfähigkeit wie ein reiner Portlandzementbeton aufweist. Der Anwender muss hierbei jedoch zwingend etwaige Einschränkungen im Anwendungsbereich des Bindemittels mit Blick auf Dauerhaftigkeitsfragen und Frühfestigkeiten beachten. In diesem Zusammenhang wäre eine Erweiterung des Anrechenbarkeitsprinzips um Fragen der Dauerhaftigkeit sinnvoll.

Der Betonhersteller kann die Umwelteinwirkung des so hergestellten Betons durch eine Optimierung der Packungsdichte der Gesteinskörnung und somit durch eine Minimierung des Bindemittelgehalts weiter reduzieren. Hierbei hat sich insbesondere der Einsatz moderner Betonverflüssiger als hilfreich erwiesen.

Die im Wesentlichen auf die Bindemitteloptimierung ausgerichtete Mischungsentwicklung zeichnet sich durch eine baupraktisch einfache Anwendbarkeit aus. Grundsätzlich gilt, dass der Gehalt an Bindemittel im Beton dabei im Vergleich zu herkömmlichen Normalbetonen annähernd gleich bleibt. Das Bindemittel weist jedoch eine verbesserte Ökobilanz auf und verbessert somit auch die Ökobilanz des Betons. Vorausgesetzt wird hierbei eine gleichbleibende Leistungsfähigkeit des Betons in Dauerhaftigkeitsfragen. Auf ausgewählte Beispiele so hergestellter Betone wird in Kapitel 4 eingegangen.

3.4.2 Packungsdichteoptimierung für alle granularen Ausgangsstoffe

Eine Alternative zur bindemittelorientierten Entwicklung von Ökobeton stellt eine ganzheitliche Betrachtung der Gesamtsieblinie aller granularen Ausgangsstoffe eines Betons dar. Zielsetzung dieser Methode ist es, die Packungsdichte der Mischung zu maximieren und den für die Betonverarbeitung erforderlichen Wassergehalt soweit zu minimieren, dass bei gleichbleibendem äquivalenten W/Z-Wert der Klinkergehalt im Beton minimiert werden kann. Die Packungsdichte derartiger Mischungen kann entweder mittels der in Kapitel 3.1 beschriebenen Methoden berechnet oder mittels der in Kapitel 3.2 aufgeführten Verfahren experimentell bestimmt werden. Die minimal erforderliche Packungsdichte des Gemischs kann unter Anwendung der in Kapitel 3.3 beschriebenen Verfahren berechnet werden. Der Einfluss der Gesteinskörnung auf die Festigkeitsbildung kann dabei mit k = 0 berücksichtigt werden.

Die Optimierung der Gesamtsieblinie stellt im Vergleich zur reinen Bindemitteloptimierung sicherlich das deutlich aufwändigere Verfahren dar. Nach Ansicht der Autoren bietet es aber gleichzeitig auch ein höheres Potenzial für die ökologische Betonoptimierung. Für eine vergleichende Bewertung beider Methoden fehlen jedoch noch entsprechende Forschungsergebnisse.

3.5 Methoden der Leistungsbewertung

Wie bereits in Kapitel 1 erläutert, stellt die Leistungsbewertung einen zentralen Baustein beim Nachweis der Nachhaltigkeit eines Bauwerks dar. Diese wird im Bauwesen üblicherweise mittels mechanischer Kenngrößen, wie der Druck- und Zugfestigkeit und dem E-Modul, sowie durch Dauerhaftigkeitskenngrößen bewertet. Nach Damineli et al. [52] kann es insbesondere bei der Betonentwicklung sinnvoll sein, die zur Erzielung bestimmter mechanischer Eigenschaften notwendigen Umwelteinwirkungen in Relation zu einer Bezugsgröße anzugeben. Damineli et al. führen dazu den sog. Bindemittel-Intensitäts-Indikator b_i ein. Dieser gibt die Masse an Bindemittel B (in [kg]) an, die zur Erzielung pro Einheit der Druckfestigkeit f_{cm}, d. h. pro 1 MPa, erforderlich ist (siehe Gleichung 32).

$$b_i = \frac{B}{f_{cm}} \qquad (32)$$

Eine Weiterführung dieses Ansatzes stellt der sog. CO$_2$-Intensitäts-Indikator c_i dar (siehe Gleichung 33). Hierbei wird die pro Druckfestigkeitseinheit und Kubikmeter Beton emittierte Äquivalentmenge an CO$_2$ (GWP nach Kapitel 2) berechnet.

$$c_i = \frac{GWP}{f_{cm}} \qquad (33)$$

Da die Ökobilanz eines Betons maßgeblich durch die Bilanz seiner Rohstoffe – und hier insbesondere des Zements – bestimmt wird, stellt insbesondere Gleichung 32 eine interessante Möglichkeit dar, die mögliche Festigkeitsausbeute in Abhängigkeit von der eingesetzten Bindemittelmenge zu optimieren.

Abbildung 11 zeigt, dass bereits für heute eingesetzte Betone ca. 5 kg Bindemittel pro Kubikmeter Beton ausreichen, um 1 N/mm² an Druckfestigkeit zu erzeugen. Aus Abbildung 11 wird jedoch auch deutlich, dass das Optimierungspotential bei hochfesten Betonen nahezu ausgeschöpft zu sein scheint, während bei Betonen mit niedriger Festigkeit ein erhebliches Reduktionspotential besteht. Für eine Druckfestigkeit von 30 N/mm² müssen derzeit noch zwischen 8 kg und 17 kg Bindemittel pro erzielter Festigkeitseinheit aufgewendet werden. Einen ähnlichen Bindemittelnutzungsgrad wie beim hochfesten Beton vorausgesetzt, könnte für den betrachteten Beton mit einer Festigkeit von 30 N/mm² der Bindemittelgehalt um Werte zwischen 90 kg/m³ und 360 kg/m³ reduziert werden. Berücksichtigt man weiterhin, dass der überwiegende Anteil des in Deutschland produzierten Betons eine Festigkeit im Bereich von 30 N/mm² aufweist [4], so werden das Optimierungspotential aber auch der erhebliche Forschungsbedarf zur Entwicklung niederfester Betone mit minimiertem Bindemittelbedarf und hoher Dauerhaftigkeit deutlich.

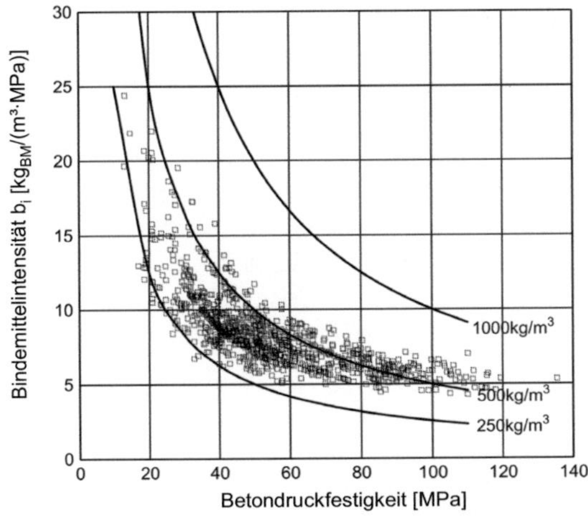

Abb. 11: Bindemittelnutzungsgrad b_i in Abhängigkeit von der Druckfestigkeit des Betons [52]

Der Forschungsbedarf zur ökologischen Optimierung niederfester Betone resultiert im Wesentlichen aus der Tatsache, dass mit abnehmender Druckfestigkeit sich die Dauerhaftigkeit von Beton signifikant verschlechtert, da dessen Porosität stark zunimmt. Dies hat eine Verkürzung der möglichen Nutzungsdauer des Bauwerks und damit eine Verschlechterung der Nachhaltigkeit des Betons zur Folge. Diesem Aspekt muss bei der Bewertung der Leistungsfähigkeit zwingend Rechnung getragen werden. Eine Möglichkeit stellt beispielsweise die in Kapitel 4 vorgestellte Erweiterung des Ansatzes von Damineli et al. [52] auf Dauerhaftigkeitskenngrößen und deren Darstellung in Form von Spinnennetzdiagrammen dar.

Weitere Untersuchungen zur ökologischen Leistungsbewertung wurden beispielsweise von Sayagh et al. [53] angestellt. Als Leistungseinheit wurde hier eine 1 km lange Straße mit definierter Spurweite, Nutzungsdauer und Anzahl an Überfahrten angenommen. Hierbei wurden explizit auch Dauerhaftigkeitskenngrößen des Betons berücksichtigt. Xing et al. [54] führten vergleichende Untersuchungen zur Nachhaltigkeit von Bürogebäuden aus unterschiedlichen Werkstoffen durch. Als Leistungseinheit diente hier die Nutzfläche des Gebäudes bei gleicher Nutzlast.

4 Zusammensetzung und Eigenschaften nachhaltiger Betone

Wie aus den Ausführungen in Kapitel 3.5 deutlich wurde, stehen dem planenden Betontechnologen prinzipiell zwei Möglichkeiten zur Verfügung, besonders nachhaltige Betone herzustellen: Hochfeste und ultrahochfeste Betone zeichnen sich grundsätzlich durch sehr geringe Umwelteinwirkungen bezogen auf ihre Leistungsfähigkeit aus. Nachhaltig sind derartige Betone jedoch nur, wenn ihre Eigenschaften im Bauwerk auch ausgeschöpft werden. Ist aus planerischer Sicht hingegen keine hohe Druckfestigkeit bzw. Dauerhaftigkeit erforderlich, stellen sog. Ökobetone (engl. Green Conrete oder Sustainable Concrete) eine Alternative dar. Einen umfassenden Überblick über die Forschungsaktivitäten zu ökologischen Betonen geben Glavind et al. [55-57].

4.1 Ökobeton

Wie bereits erläutert, ist die Zusammensetzung von Ökobeton i. d. R. durch einen stark verminderten Gehalt an Zementklinker und durch hohe Gehalte an Zusatzstoffen gekennzeichnet. Tabelle 5 gibt einen Überblick über ausgewählte Ökobetone, die am Institut für Massivbau und Baustofftechnologie entwickelt wurden [58].

All diese Betone weisen einen äquivalenten Wasserzementwert von ca. 0,50 (Betone 1 bis 5 sowie Ref.) bzw. 0,60 (Beton 6) auf. Als Zementersatzstoffe kamen Flugasche, Hüttensand, Kalksteinmehl und Kesselsand zum Einsatz. Flugasche und Hüttensand wurden mit dem Faktor k = 0,40 in voller Menge auf den W/Z-Wert angerechnet. Als grobe Gesteinskörnung wurde neben quarzitischem Rundkornmaterial (Sand und Kies) auch Schmelzkammergranulat eingesetzt. Auf die Zugabe eines Fließmittels wurde soweit möglich verzichtet. Wo es dennoch erforderlich war, wurde ein Produkt auf Polycarboxylatetherbasis eingesetzt. Die Packungsdichte der Mischungen wurde anhand der formalisierten Kornverteilungskurve nach Andreasen (siehe Gleichung 2 mit n = 0,37) optimiert. Abbildung 12 zeigt, dass die Kornverteilungskurve nahezu deckungsgleich mit der gewünschten Soll-Sieblinie verläuft.

Tab. 5: Zusammensetzung ausgewählter Ökobetone

Angaben in [kg/m³]	Beton						
	Ref.	1	2	3	4	5	6
CEM I 32,5 R	320	189	158	126	62	31	50
Mikrozement	-	-	-	-	93	49	-
Flugasche	-	132	154	176	154	264	265
Hüttensand	-	-	-	-	-	58	90
Kalksteinmehl	-	-	-	-	109	-	-
Kesselsand	-	64	64	80	-	-	-
Schmelzk.g.	-	220	264	264	242	242	240
Körnung 0/16	1860	1583	1560	1564	1674	1647	1530
Wasser	160	121	110	98	108	98	115
Fließmittel	1,2	2,5	-	-	-	-	-
W/Z [-]	0,50	0,64	0,70	0,78	0,70	1,22	2,3
W/Z$_{eq.}$ [-]	0,50	0,50	0,50	0,50	0,50	0,47	0,60
f_{cm} [MPa]	45	40	36	35	41	51	46
f_{ctm} [MPa]	-	-	-	-	-	-	2,9
E_{cm} [GPa]	-	-	-	-	-	-	33,6

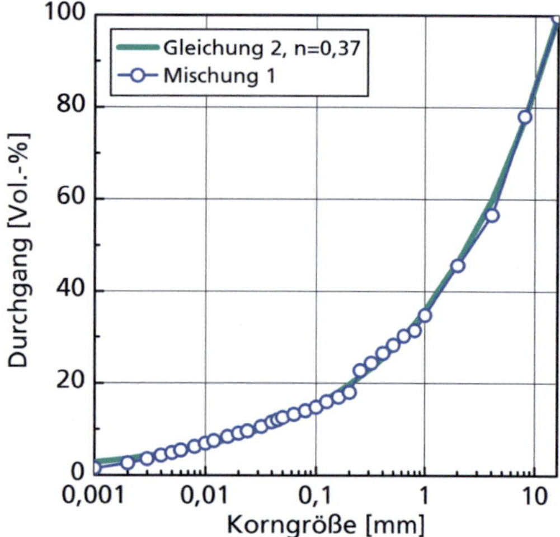

Abb. 12: Kornverteilungskurve der Mischung 1 nach Tabelle 5 sowie Soll-Verteilung nach Gleichung 2 mit n = 0,37 (aus Gründen der Übersichtlichkeit wurde hier nur Beton 1 dargestellt)

Die Untersuchungsergebnisse belegen, dass auch bei sehr hohen Austauschraten, Betone mit ausreichender Druckfestigkeit hergestellt werden können. Zur Beschleunigung der Festigkeitsentwicklung wurde bei den Betonen 4, 5 und 6 der Zement durch Mikrozement (d. h. Portlandzement mit stark erhöhter Mahlfeinheit) ausgetauscht.

Abbildung 13 zeigt die volumenbezogene Ökobilanz der in Tabelle 5 aufgeführten Ökobetone jeweils bezogen auf den ebenfalls in Tabelle 5 aufgeführten Referenzbeton. Daraus wird deutlich, dass durch einen Austausch von Portlandzementklinker sowie Sand und Kies durch Ersatzstoffe, die Umwelteinwirkung eines Kubikmeters Beton bei annähernd gleicher Druckfestigkeit im Durchschnitt zwischen 50 % bis 70 % gegenüber der eines herkömmlichen Referenzbetons reduziert werden kann.

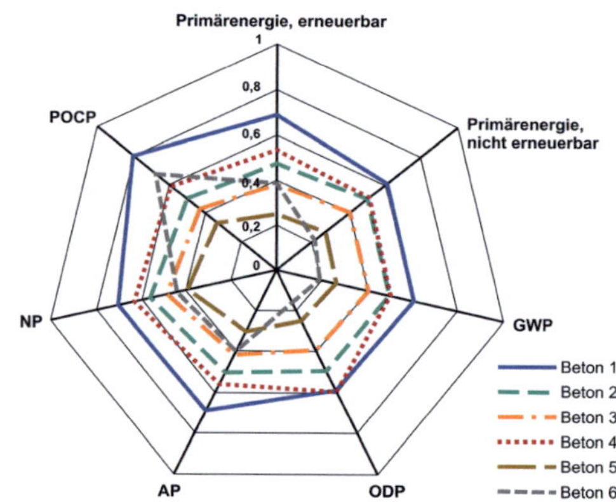

Abb. 13: Ökobilanz der in Tabelle 5 aufgeführten Ökobetone jeweils in Relation zu einem Kubikmeter Referenzbeton

Exemplarisch für die Dauerhaftigkeit wurde der Frost-Tausalzwiderstand des in Tabelle 5 aufgeführten Betons 6 im CDF-Versuch gemäß DIN CEN/TS 12390-9 [59] geprüft. Bild 14 zeigt, dass es bereits bei einer geringen Anzahl an Frost-Tauwechseln zu einer signifikanten Schädigung des Betons kommt, die sich mit zunehmender Anzahl an Frost-Tauwechseln weiter beschleunigt.

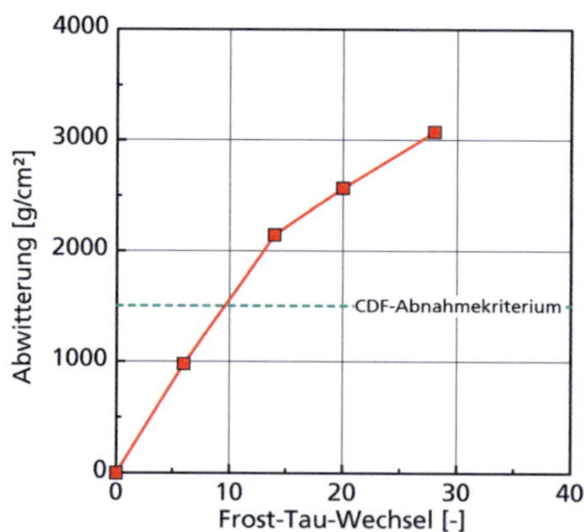

Abb. 14: Frostbeständigkeit des Betons 6 nach Tabelle 5 im CDF-Versuch

Umfangreiche Untersuchungen zur Vorgehensweise bei der Entwicklung von Ökobeton wurden auch von Fennis [10] vorgestellt. Fennis empfiehlt dabei eine iterative Vorgehensweise. Der Ausgangspunkt ihrer Entwicklung sind ebenfalls die Ökobilanzdaten der Ausgangsstoffe sowie deren jeweilige Packungsdichte [10]. Die Ausgangstoffe werden dabei derart kombiniert, dass Mischungen mit möglichst geringer

Umwelteinwirkung bei gleichzeitig maximaler Packungsdichte entstehen. Dafür wendet Fennis die in Kapitel 3.4.2 beschriebene Vorgehensweise an und optimiert die Packungsdichte aller granularen Ausgangsstoffe mithilfe des von ihm entwickelten und in Kapitel 3.3 beschriebenen „Compaction-Interaction Packing Model". Mithilfe seines Modells berechnet Fennis auch den erforderlichen Wassergehalt zur Füllung der Hohlräume im Kornhaufwerk. Mit diesem Wassergehalt und dem im Kornhaufwerk verwendeten Zementgehalt bestimmt Fennis den W/Z-Wert und vergleicht diesen mit seinem Soll-W/Z-Wert. Wird dieser unter- bzw. überschritten, müssen der Bindemittelgehalt im Kornhaufwerk angepasst und die Packungsdichteberechnung erneut ausgeführt werden.

Die Zusammensetzung der von Fennis [10] entwickelten Betone sowie ausgewählte Betoneigenschaften sind in Tabelle 6 aufgeführt.

Tab. 6: Zusammensetzung und Eigenschaften ausgewählter Ökobetone nach Fennis [10]

Angaben in [kg/m³]	Beton Nr.			
	Ref.	1	2	3
CEM I 42,5 N	260	110	44	125
CEM III/B 42,5	-	-	66	-
Flugasche	-	88	65	75
Quarzmehl	-	62	85	-
Müllverbren-nungsasche	-	-	-	50
Sand und Kies	1911	2029	2026	2021
Wasser	161	103	103	112
Fließmittel	2,1	2,1	3,1	3,0
W/Z [-]	0,62	0,94	0,94	0,90
W/Z$_{eq.}$ [-]	0,62	0,71	0,76	0,73
$f_{cm,cube}$ [MPa]	32,1	39,6	33,5	37,9
$f_{ctm,sp}$ [MPa]	2,5	2,7	2,5	3,0
E_{cm} [GPa]	30,5	32,5	30,5	30,5
GWP [kg CO$_2$-Äq.]	370	275	251	296
CO$_2$-Intensität c_i [kg$_{CO2}$/(m³$_{Beton}$·MPa)]	11,5	6,9	7,5	7,8

Der Vergleich der Ökobetone 1 bis 3 in Tabelle 6 mit dem Referenzbeton belegt, dass durch eine geeignete Packungsdichteoptimierung Betone mit ausreichender Druckfestigkeit bei stark reduzierter CO$_2$-Intensität c_i hergestellt werden können. Besonders interessant ist in diesem Zusammenhang auch, dass die untersuchten Betone ein gegenüber dem Referenzbeton signifikant reduziertes Schwind- und Kriechvermögen aufwiesen (siehe Abbildungen 15 und 16). Dies wirkt sich wiederum äußerst günstig auf die Bemessung des (Mindest-) Bewehrungsgehalts des Bauteils aus und trägt somit ebenfalls zu

einer Minimierung der Umwelteinwirkungen bei. Die Schwindmessungen wurden an Prismen mit den Abmessungen 100x100x400 mm³ über eine Messlänge von 200 mm durchgeführt, wobei die Messungen in einem Alter von 7 Tagen begonnen wurden. Die Kriechversuche erfolgten ebenfalls an Prismen mit den oben aufgeführten Abmessungen, die ab einem Alter von 28 Tagen mit einem Belastungsgrad von 33 % der 28-Tage Druckfestigkeit beansprucht wurden. Die Umgebungsbedingungen betrugen 20 °C und 50 % r. F..

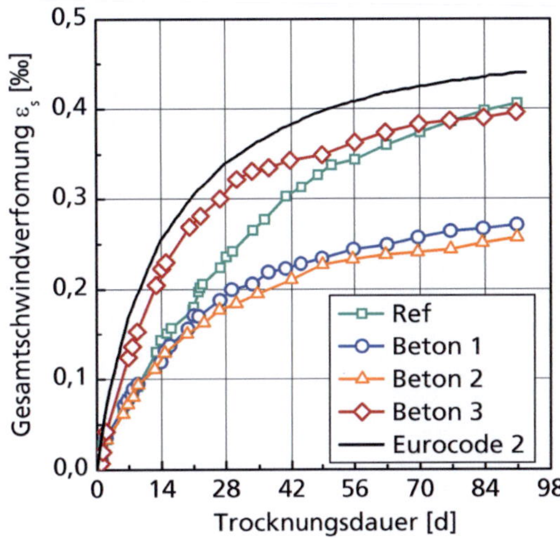

Abb. 15: Gesamtschwindverformung der in Tabelle 6 aufgeführten Betone [10] (Erläuterungen siehe Text)

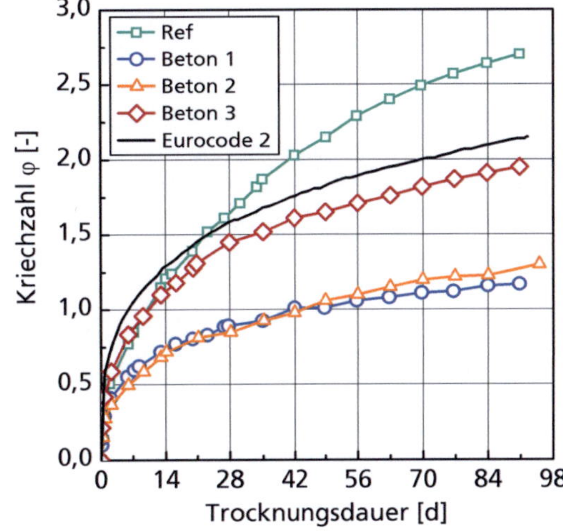

Abb. 16: Gesamtkriechverformung der in Tabelle 6 aufgeführten Betone [10] (Erläuterungen siehe Text)

4.2 Ultrahochfester Beton

Ultrahochfeste Betone zeichnen sich im Vergleich zu Normalbeton durch eine extrem hohe Festigkeit und Dauerhaftigkeit aus. Werden diese Eigenschaften im Bauwerk genutzt, so können derartige Betone trotz ihrer grundsätzlich eher ungünstigen Ökobilanz eine höhere Nachhaltigkeit aufweisen als Bauwerke aus herkömmlichem Beton. Die Zusammensetzung eines ultrahochfesten Betons im Vergleich zu einem Normalbeton C30/37 ist exemplarisch in Tabelle 7 aufgeführt. Nähere Informationen zur Entwicklung und zu den Eigenschaften des UHPC geben Müller, Herold und Scheydt [60, 61].

Tab. 7: Zusammensetzung von hochfestem und ultrahochfestem Beton in Relation zu Normalbeton

Ausgangsstoff	Dimension	C30/37	UHPC
Zement		320	600
Mikrosilika		-	180
Quarzmehl		-	450
Sand 0/2	[kg/m³]	450	350
Kies 2/16		1500	700
Stahlfasern		-	196
Wasser		180	140
Fließmittel		3	30
w/b	[-]	0,5	0,21

Abbildung 17 zeigt, dass die Herstellung von ultrahochfestem Beton aufgrund des hohen Bindemittel-, Fließmittel- und Stahlfasergehalts signifikant größere Umwelteinwirkungen pro Volumeneinheit aufweist, als dies bei einem herkömmlichen Beton C30/37 der Fall ist. Bezieht man hingegen die Umwelteinwirkungen auf die Druckfestigkeit bzw. die Dauerhaftigkeit der Mischung – hier in Form der Permeabilität –, so schneidet der ultrahochfeste Beton signifikant besser ab als der Normalbeton. Nicht berücksichtigt wurde bei diesem Vergleich, dass der UHPC bereits eine Stahlfaserbewehrung beinhaltet und somit im Bauteil keine zusätzliche Stabstahlbewehrung benötigt. Im Bauteil wirkt sich dies somit negativ auf die Ökobilanz des Normalbetons aus.

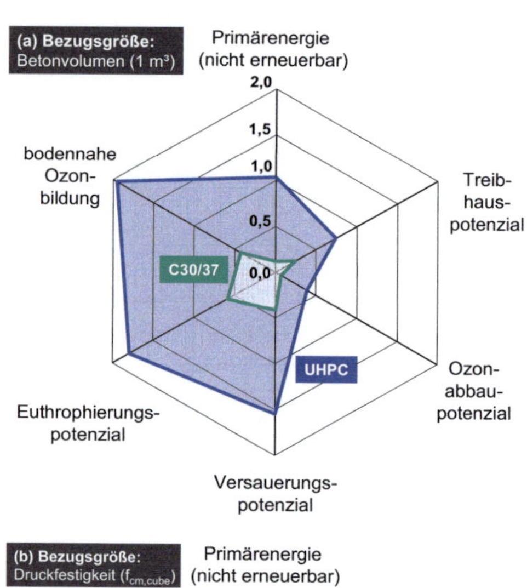

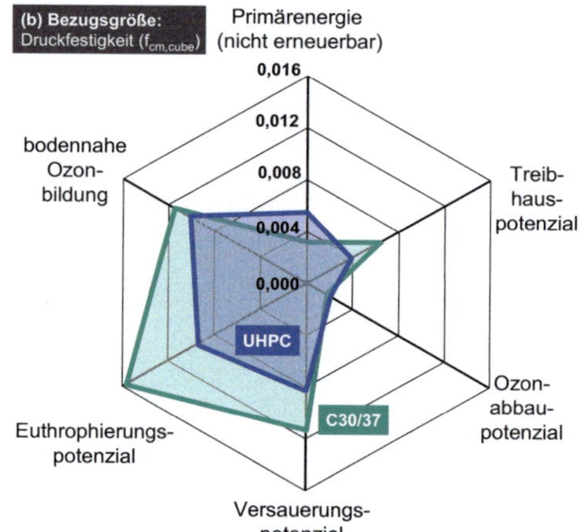

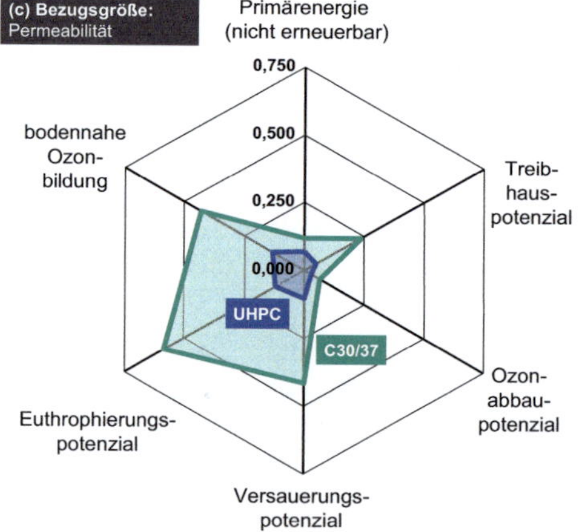

Abb. 17: Ökobilanz eines ultrahochfesten Betons UHPC und eines Normalbetons C30/37 nach Tabelle 7 jeweils bezogen auf das Betonvolumen (a), die Druckfestigkeit (b) und die Dauerhaftigkeit (Permeabilität, c) [Dimensionen: Primärenergie in 10^4 MJ; Treibhauspotential in 10^3 kg CO_2-Äqu.; Ozonabbaupotential 10^{-4} kg R11-Äqu.; Versauerungspotential kg SO_2-Äqu.; Euthrophierungspotential 10^{-1} kg PO_4-Äqu.; bod. Ozonbildung 10^{-1} kg C_2H_4-Äqu.]

5 Zusammenfassung und Schlussfolgerungen

Wie die vorangegangenen Ausführungen gezeigt haben, wird die Nachhaltigkeit von Betonkonstruktionen – insbesondere im Bereich des Ingenieurbaus – maßgeblich durch die Umwelteinwirkung der verwendeten Ausgangsstoffe bestimmt. Eine Verbesserung der Nachhaltigkeit der Ausgangsstoffe kann entweder durch eine Minimierung der mit deren Herstellung verbundenen Umwelteinwirkungen, durch eine Verbesserung der Leistungsfähigkeit und Dauerhaftigkeit des Betons oder durch Kombinationen der zuvor genannten Ansätze erfolgen. Ausgangsbasis für die Bewertung der Umwelteinwirkungen bilden die Ökobilanzdaten der verwendeten Ausgangsstoffe. Diese sind für die wichtigsten Stoffe in Tabelle 1 aufgeführt. Nähere Informationen zu den Hintergründen der einzelnen Kennwerte gibt Kapitel 2.

Zielsetzung bei der Entwicklung von Betonen mit reduzierter Umwelteinwirkung ist es i. d. R., Stoffe mit starker Umwelteinwirkung durch Stoffe mit geringer Umwelteinwirkung auszutauschen. In der Praxis ist dies gleichzusetzen mit einer Reduktion des Gehalts an Portlandzementklinker im Beton. Bei einem gleichbleibenden W/Z-Wert hat dies zwangsläufig auch eine Reduktion des Wassergehalts im Beton zur Folge. Eine ausreichende Verarbeitbarkeit kann jedoch dennoch gewährleistet werden, wenn gleichzeitig die Packungsdichte aller granularen Ausgangsstoffe des Betons gesteigert wird. Kapitel 3.1 erläutert hierzu verschiedene Methoden zur Optimierung und Berechnung der Packungsdichte von Beton. Alternativ kann die Packungsdichte auch mittels der in Kapitel 3.2 aufgeführten Methoden experimentell bestimmt werden.

Der so bestimmte Wert für die Packungsdichte muss nun verglichen werden mit der notwendigen Packungsdichte, die zur Sicherstellung einer gleichbleibenden Konsistenz bei konstantem äquivalenten W/Z-Wert erforderlich ist (siehe Kapitel 3.3). Die zum Austausch von Zement verwendeten Ersatzstoffe weisen zumeist eine geringere Leistungsfähigkeit als der Zement auf. Dieser Leistungsunterschied wird im vorliegenden Aufsatz durch Anwendung des k-Wert Ansatzes nach DIN 1045-2 berücksichtigt. Auf dieser Grundlage kann mit den in Kapitel 3.3 angegebenen Formeln die minimale Packungsdichte berechnet werden, die erforderlich ist, damit bei gleichbleibendem äquivalenten W/Z-Wert noch eine ausreichende Wassermenge zur Sicherungstellung der Konsistenz des Betons zur Verfügung steht. In Kapitel 3.4 wird anschließend die Vorgehensweise erläutert, wie mithilfe der Packungsdichte und der festgelegten Bindemittelzusammensetzung eine Mischungsrezeptur entwickelt werden kann. Die ökologisch-technische Leistungsfähigkeit dieser Mischung kann anschließend mittels der in Kapitel 3.5 aufgeführten Methoden bewertet werden.

Das Ergebnis von Arbeiten zur Entwicklung nachhaltiger Betone ist in Kapitel 4 dargestellt. Einen Schwerpunkt bilden dabei die Zusammensetzung und die Eigenschaften von Ökobeton, der sich durch einen reduzierten Portlandzementklinkeranteil auszeichnet. Bei entsprechender Ausnutzung ihrer Eigenschaften können aber auch hochfeste und ultrahochfeste Betone die nachhaltigere Wahl bei der Errichtung eines Tragwerks darstellen. Beispiele hierzu werden ebenfalls in Kapitel 4 aufgeführt.

Für alle obigen Ausführungen gilt, dass sowohl Ökobetone als auch ultrahochfeste Betone zur Gruppe der Hochleistungswerkstoffe zu zählen sind. Die Herstellung dieser Betone erfordert daher zwingend einen hohen Qualitätssicherungsstandard. Dieser Nachteil kann jedoch auch als Chance für die Bauwirtschaft verstanden werden. Da die Einführung derartiger Betone politisch gewollt ist, wird die Qualitätssicherung von Beton signifikant an Bedeutung gewinnen und muss somit auch vom Auftraggeber bezahlt werden.

6 Literatur

[1] Deutscher Bundestag, 14. Wahlperiode: Schlussbericht der Enquete-Kommission Globalisierung der Weltwirtschaft – Herausforderungen und Antworten Drucksache 14/9200, 12. Juni 2002

[2] NORM DIN EN ISO 14040: Umweltmanagement - Ökobilanz - Grundsätze und Rahmenbedingungen. Beuth Verlag, Berlin, 2009

[3] NORM DIN EN ISO 14044: Umweltmanagement - Ökobilanz - Anforderungen und Anleitungen. Beuth Verlag, Berlin, 2006

[4] Hauer, B.: Methoden und Ergebnisse der Ökobilanzierung. In: Nachhaltiger Beton – Werkstoff, Konstruktion und Nutzung, 9. Symposium Baustoffe und Bauwerkserhaltung, Müller, H. S., Nolting, U., Haist, M., Kromer, M. (Hrsg.), KIT Scientific Publishing, Karlsruhe, 2012, S. 11-18

[5] Lützkendorf, Th.: Realisierung zukunftsfähiger Bauwerke – Anforderungen an Planung und Baustoffauswahl. In: Nachhaltiger Beton – Werkstoff, Konstruktion und Nutzung, 9. Symposium Baustoffe und Bauwerkserhaltung, Müller, H. S., Nolting, U., Haist, M., Kromer, M. (Hrsg.), KIT Scientific Publishing, Karlsruhe, 2012, S. 1-10

[6] Bundesministerium für Verkehr, Bau und Stadtenwicklung (Hrsg.): Ökologisches Baustoffinformationssystem WECOBIS. http:// www.wecobis.de

[7] Bundesverband der Deutschen Ziegelindustrie e. V.: Green Building Challenge Handbuch. http://www.ziegel.at/gbc-ziegelhandbuch/default.htm

[8]   Chen, C.; Habert, G.; Bouzidi, Y.; Jullien, A.; Ventura, A.: LCA allocation procedure used as an initiative method for waste recycling – an application to mineral additions in concrete. In: Resources, Conseration and Recycling 54 (2010) Nr. 12, S. 1231-1240

[9]   Schießl, P.; Stengel, Th.: Nachhaltige Kreislaufführung mineralischer Baustoffe. Forschungsbericht der Technischen Universität München, Abteilung Baustoffe, München, 2006

[10]   Fennis, S. A. A. M.: Design of ecological concrete by particle packing optimization. Dissertation, Technische Universität Delft, Niederlande, Gildeprint Verlag, Niederlande, 2010, ISBN 978-94-6108-109-4

[11]   Funk, J. E.; Dinger, D. R.; Funk, J. E. J.: Coal grinding and particle size distribution studies for coal-water-slurries at high solids content. Final report, Empire State Electric Energy Research Corporation, New York, USA, 1994

[12]   Fuller, W. B.; Thompson, S. E.: The laws of proportioning concrete. Journal of the American Society of Civil Engineers 59 (1907), S. 67-143

[13]   Feret, R.: Sur la compacité des mortiers hydrauliques. Annales des Ponts et Chaussees 4 (1892), S. 5-16

[14]   Talbot, A. N.; Richart, F. E.: The strength of concrete in relation to the cement aggregates and water. University of Illinois Engineering Experiment Station, Bulletin No. 137, 1923

[15]   Andreasen, A. H. M.; Andersen, J.: Über die Beziehung zwischen Kornabstufung und Zwischenraum in Produkten aus losen Körnern (mit einigen Experimenten). In: Kolloid-Zeitung 50 (1930), S. 217-228

[16]   NORM DIN 1045-2: Tragwerke aus Beton, Stahlbeton und Spannbeton - Teil 2: Beton - Festlegung, Eigenschaften, Herstellung und Konformität - Anwendungsregeln zu DIN EN 206-1. Beuth Verlag, Berlin, 2008

[17]   Schwanda, F.: Der Hohlraumgehalt von Korngemischen. In: Beton (1959), S. 12-17 und 427-431

[18]   McGeary, R. K.: Mechanical pacing of spherical particles. Journal of the American Ceramic Society 44 (1961) Nr. 10, S. 513-522

[19]   Hummel, A.: Das Beton-ABC. Ernst & Sohn Verlag, Berlin, 1959

[20]   Teichmann, Th.: Einfluss der Granulometrie und des Wassergehalts auf die Festigkeit und Gefügedichtheit von Zementstein. Dissertation. Universität Kassel, Schriftenreihe Baustoffe und Massivbau, Nr. 12, Kassel University Press, Kassel, 2007

[21]   Reschke, Th.: Der Einfluss der Granulometrie der Feinstoffe auf die Gefügeentwicklung und die Festigkeit von Beton. Verlag Bau+Technik, Düsseldorf, 2000

[22]   de Larrad, F.: Concrete mixture proportioning – a scientific approach. E & EN Spon, London, Großbritannien, 1999

[23]   Puntke, W. Wasseranspruch von feinen Kornhaufwerken. In: Beton (2002) Heft 5, S. 242-248

[24]   CEN/TC 104/SC 1: K-value concept backgrounds and CEM I 32,5 R. 1996

[25]   Smith, I. A.: The Design of fly ash concrete. In: Proceedings of the Institution of Civil Engineers 36 (1967), S. 769-790

[26]   Müller, Ch.: Stellung von Zement in der Nachhaltigkeitsbewertung von Gebäuden. In: Nachhaltiger Beton – Werkstoff, Konstruktion und Nutzung, 9. Symposium Baustoffe und Bauwerkserhaltung, Müller, H. S., Nolting, U., Haist, M., Kromer, M. (Hrsg.), KIT Scientific Publishing, Karlsruhe, 2012, S. 27-30

[27]   Deutscher Ausschuss für Stahlbeton e. V. (Hrsg.): Sachstandsbericht Hüttensandmehl als Betonzusatzstoff. Beuth Verlag, Berlin, 2007

[28]   van den Heede, P; de Belie, N.: Environmental impact and life cycle assessment (LCA) of traditional and ‚green' concretes: Literature review and theoretical calculations. In: Cement and Concrete Composites (2012), DOI: 10.1016/j.cemconcomp.2012.01.004

[29]   Damtoft, J. S.; Lukasik, J.; Herfort, D.; Sorrentino, D.; Gartner, E. M.: Sustainable development and climate change initiatives. In: Cement and Concrete Research 38 (2008), S. 115-127

[30]   Durán-Herrera, A.; Juárez, C. A.; Valdez, P.; Bentz, D. P.: Evaluation of sustainable high-volume fly ash concretes. In: Cement & Concrete Composites 33 (2011), S. 39-45

[31]   Younsi, A.; Turcry, P.; Rozière, E.; Aït-Mokhtar, A.; Loukili, A.: Performance-based design and carbonation of concrete with high fly ash content. In: Cement and Concrete Composites 33 (2011), S. 993-1000

[32]   Bentz, D. P.; Hansen, A. S.; Guynn, J. M.: Optimization of cement and fly ash particle sizes to produce sustainable concretes. In: Cement and Concrete Composites 33 (2011), S. 824-831

[33]   Wu, Z.; Naik, T. R.: Properties of concrete produced from multicomponent blended cements. In: Cement and Concrete Research 32 (2002), S. 1937-1942

[34] Bentz, D. P; Sato, T.; de la Varga, I.; Weiss, W. J.: Fine limestone additions to regulate setting in high volume fly ash mixtures. In: Cement and Concrete Composites 34 (2012), S. 11-17

[35] NORM DIN EN 197-1: Zement – Teil 1: Zusammensetzung, Anforderungen und Konformitätskriterien von Normalzement. Beuth Verlag, Berlin, 2011

[36] NORM DIN 1164: Zement mit besonderen Eigenschaften. Beuth Verlag, Berlin, 2004

[37] Ehrenberg, A.: Hüttensandmehl als betonzusatzstoff – Aktuelle Situation in Deutschland und Europa. In: Beton-Informationen (2010) Nr. 3/4, S. 48-63

[38] Poppe, A.-M.; de Schutter, G.: Cement hydration in the presence of high filler contents. Cement and Concrete Research 35 (2005), S. 2290-2299

[39] Mounanga, P.; Khokhar, M. I. A.; el Hachem, R.; Loukili, A.: Improvement of the early-age reactivity of fly ash and blast furnace slag cementitious systems using limestone filler. In: Materials and Structures 44 (2010) Nr. 2, S. 437-453, DOI 10.1617/s11527-010-9637-1

[40] Ye, G.; Liu, X.; Poppe, A. M.; de Schutter, G.; van Breugel, K.: Numerical simulation of the hydration process and the development of microstructure of self-compacting cement paste containing limestone as filler. In: Materials and Structures 40 (2007), S. 865-875, DOI 10.1617/s11527-006-9189-6

[41] Müller, H. S.; Glowacky, J.; Haist, M.; Eckhardt, J.-D.: Reaktivität calcitischer Oberflächen bei der Betonherstellung. Abschlussbericht, 2011

[42] Ping, X.; Beaudoin, J. J.; Brousseau, R.: Effect of aggregate size on transition zone properties at the Portland cement paste interface. In: Cement and Concrete Research 21 (1991), S. 999-1005

[43] Monteiro, P. J. M.; Mehta, P. K.: Interaction between carbonate rock and cement paste. In: Cement and Concrete Research 16 (1986) Nr. 2, S. 127-134

[44] Lothenbach, B.; Le Saout, G.; Gallucci, E.; Scrivener, K.: Influence of limestone on the hydration of Portland cements. In: Cement and Concrete Research 38 (2008), S. 848-860

[45] Soroka, I.; Stern, N.: Calcareous fillers and the compressive strength of Portland cement. In: Cement and Concrete Research 6 (1976), S. 367-376

[46] Bonavetti, V.; Donza, H.; Menéndez, G.; Cabrera, O.; Irassar, E. F.: Limestone filler cement in low w/c concrete – a rational use of energy. In: Cement and Concrete Research 33 (2003), S. 865-871, DOI 10.1016/S0008-8846(02)01087-6

[47] Müller, H. S.; Herold, G.: Untersuchungen zur Dauerhaftigkeit von Betonen mit Portlandkalksteinzement (CEM II/A-L-Zement) unter besonderer Berücksichtigung des Frost-Tausalz-Widerstandes. Abschlussbericht, Institut für Massivbau und Baustofftechnologie, Universität Karlsruhe (TH), 2002 [Anmerkung: bei den untersuchten Zementen handelt es sich um Zemente CEM II/A-L gemäß DIN 1164; dies entspricht CEM II/A-LL Zementen nach DIN EN 197-1]

[48] Dhir, R. K.; Limbachiya, M. C.; McCarthy, M. J.; Chaipanich, A.: Evaluation of Portland limestone cements for use in concrete construction. In: Materials and Structures 40 (2007), S. 459-473, DOI 10.1617/s11527-006-9143-7

[49] Stark, J.; Wicht, B.: Zement und Kalk: Der Baustoff als Werkstoff. Birkhäuser Verlag, Basel, Schweiz, 2000

[50] Vogt, C.: Ultrafine particles in concrete. Influence of ultrafine particles on concrete properties and application to concrete mix design. Royal Institute of Technology, Division of Concrete Structures, Dissertation, Stockholm, Schweden, 2010

[51] Stark, J.; Möser, B.; Bellmann, F.: Nucleation and growth of C-S-H phases on mineral admixtures. In: Advances in Construction Materials 2007, Grosse, C. U. (Hrsg.), Springer Verlag, Berlin, 2007, S. 531-538

[52] Damineli, B. L.; Kemeid, F. M.; Aguiar, P. S.; John, V. M.: Measuring the eco-efficiency of cement use. In: Cement and Concrete Composites 32 (2010), S. 555-562

[53] Sayagh, S.; Ventura, A.; Hoang, T.; François, D.; Jullien, A.: Sensitivity of the LCA allocation procedure for BFS recycled into pavement structures. In: Resources, Conservation and Recycling 54 (2010) Nr. 6, S. 348-358

[54] Xing, S.; Xu, Z.; Ju, G.: Inventory analysis of LCA on steel- and concrete construction office buildings. In: Energy and Buildings 40 (2008) Nr. 7, S. 1188-1193

[55] Glavind, M.; Munch-Petersen, C.: Green concrete in Denmark. In: Structural Concrete 1 (2000) Nr. 1, S. 1-7

[56] Glavind, M.: Green concrete structures. In: Structural Concrete 12 (2011) Nr. 1, S. 23-29

[57] Nielsen, C. V.; Glavind, M.: Danish Experiences with a decade of green concrete. In: Journal of advanced concrete technology 5 (2007) Nr. 1, S. 3-12

[58] Tevesz, J.: Realisierbarkeit einer Leichtbeton Straßenbrücke. Diplomarbeit, Institut für Massivbau und Baustofftechnologie, KIT Karlsruhe und Institut für Baustofftechnologie und Ingenieurgeologie, TU Budapest, Ungarn, 2008

[59] NORM DIN CEN/TS 12390-9: Prüfung von Festbeton - Teil 9: Frost- und Frost-Tausalz-Widerstand – Abwitterung. Beuth Verlag, Berlin, 2006

[60] Herold, G., Scheydt, J. C., Müller, H. S.: Entwicklung und Dauerhaftigkeit ultrahochfester Betone. In: Betonwerk + Fertigteil-Technik **72** (2006), Nr. 10, S. 4-14

[61] Müller, H. S., Scheydt, J. C.: Dauerhaftigkeit und Nachhaltigkeit von ultrahochfestem Beton. Ergebnisse von Laboruntersuchungen In: beton (2011), Nr. 9, S. 336-343

Nachhaltiges Konstruieren nach dem Model Code 2010

Joost Walraven

Zusammenfassung

Die Nachhaltigkeit von Konstruktionen steht zurzeit im Mittelpunkt des politischen Interesses. Um politische Entscheidungen in gesellschaftliche Maßnahmen umsetzen zu können sind geeignete Normen notwendig. Der Model Code 2010 ist eine Musternorm, in die Nachhaltigkeitsüberlegungen aufgenommen wurden. Der vorliegende Beitrag gibt einen kurzen Überblick über die Struktur des Model Codes. Einige Beispiel von möglichen neuen Anwendungen werden behandelt.

1 Allgemeines

Umweltfreundlich, eco-, grün, nachhaltig, rezyklieren sind wichtige aktuelle Schlagworte. Sie beziehen sich nicht auf isolierte Themen, sondern auf den Zusammenhang zwischen Prozessen, Bilanzen, Wahrnehmungen und Empfindungen, verbunden mit dem Wunsch die Qualität der Erde und die langfristigen Lebensbedingungen für Ihre Bewohner zu verbessern und zu sichern. Wissenschaftler, Ingenieure, Politiker und andere Vertreter der Gesellschaft sind sich darüber einig, dass eine Revolution im Denken notwendig ist: Eine Revolution um langfristig zu überleben. Nach vielen Jahren, in denen natürliche Ressourcen ohne Rücksicht verbraucht wurden und Abfall oft konzeptlos deponiert wurde, erfährt die Menschheit die spürbaren Effekte dieses Handelns durch die gemessene globale Erwärmung. Beachtet man den Entwicklungsstand der Umwelt, in Bezug auf den Temperaturanstieg, den Wasserspiegelanstieg der Weltmeere, Naturkatastrophen in unterschiedlichen Teilen der Welt, den Mangel an sauberem Wasser, Krankheiten, die Abnahme der natürlichen Ressourcen, das Aussterben von Tierarten und die Zunahme der Weltbevölkerung, so ist es kein Wunder, dass die wissenschaftliche Gemeinschaft immer deutlichere Signale gibt, dass vernünftig und kreativ auf diese Entwicklungen reagiert werden sollte.

2 Entwicklung von Normen

Um politische Entscheidungen in gesellschaftliche Maßnahmen umzusetzen sind Normen notwendig. In Bezug auf das Bauen haben Normen sich bislang vor allem auf die Bereiche Sicherheit und Gebrauchstauglichkeit konzentriert. Allmählich kam in den letzten Jahren die Dauerhaftigkeit hinzu. Am Anfang dieser Entwicklung war die Dauerhaftigkeit fast als Synonym für die Betondeckung anzusehen. In letzter Zeit kommen jedoch Überlegungen in Bezug auf die Lebensdauerbemessung hinzu. Dies erfordert integrale Entwurfskonzepte, durch die Konstruktionen für einen definierten Zeitraum entworfen werden und bei denen die Kosten für die Instandhaltung minimal sein sollten. Die Einführung von Nachhaltigkeitskriterien stellt die nächste Stufe dieser Entwicklung dar. In dieser Hinsicht gibt es mehr Diskussion über die Frage, wie Nachhaltigkeitskriterien formuliert und eingeführt werden sollten als zuvor bei der Einführung der mehr konventionellen Kriterien, weil Nachhaltigkeit eine Betrachtung erfordert, die über die Grenzen des klassischen Bauens hinausgeht.

2.1 ISO Initiativen zur Entwicklung von Normen für die Nachhaltigkeit

In den Gremien der International Organization for Standardization (ISO) werden zurzeit verschiedene Entwürfe für Nachhaltigkeitsnormen entwickelt. So ist zum Beispiel das Dokument *Environmental Management for Concrete and Concrete Structures. (Umwelt Management für Beton und Betonkonstruktionen)* zu nennen. Weiterhin liegt ein Dokument mit dem Titel *„Environmental Management – Material Flow Cost Accounting" (Umwelt Management: Berechnung von Material im Kreislauf* vor: In dessen Teil *Umwelt-Management für Beton und Betonkonstruktionen* wird das Konzept der Nachhaltigkeit in Beziehung mit unterschiedlichen Aktivitäten betrachtet, die mit der Produktion von Beton und mit der Ausführung von Betonkonstruktionen zusammenhängen. Neben den mit der Umwelt verknüpften Aspekten, enthält die Nachhaltigkeitsdefinition wirtschaftliche und soziale Aspekte, die einander beeinflussen. Die Betrachtung des Umweltaspektes kann mit wirtschaftlichen oder mit sozialen Aspekten zusammenhängen. Im letzteren Fall kommen somit Fragestellungen wie die Absicherung der Qualität der

Gesellschaft, die Vererbung von Tradition und Kultur, und Konsensusbauen zur Bewahrung von Ökosystemen hinzu. Die mit der Umweltbetrachtung verbundenen wirtschaftlichen und sozialen Aspekte sollten somit bei Aktivitäten in Verbindung mit der Produktion von Beton und der Ausführung von Betonkonstruktionen deutlich erkannt werden. Diese Aspekte sollten in Zusammenhang mit den geforderten Prioritäten ausreichende Beachtung finden.

Ein Umweltmanagement von Beton und Betonkonstruktionen sollte mit dem Ziel implementiert werden, negative Einflüsse auf die Umwelt zu minimieren und die günstigen Einflüsse zu maximieren. Das Model unterscheidet unterschiedliche Phasen in der Lebenszyklusbetrachtung:

- Entwurfsphase,
- Produktions-, und Ausführungsphase,
- Verwendungsphase,
- Endphase (Abbruch, Wiederverwendung).

Weiterhin werden Umwelteinflusskategorien unterschieden:

- Globale Klima-Änderung,
- Gebrauch von natürlichen Ressourcen,
- Stratosphärisches Ozon Niveau,
- Gebrauch von Land,
- Eutrophikation,
- Versauerung,
- Luftverunreinigung,
- Wasserverunreinigung,
- Bodenverunreinigung,
- Verschmutzung durch radioaktives Material,
- Einfluss von Abfallzunahme,
- Lärm und Vibration.

Zu diesen Aspekten werden kategorielle Indikatoren formuliert. Diese Kategorie-Indikatoren bringen die Größe von Umwelteinflüsse sowohl qualitativ als auch quantitativ zum Ausdruck.

2.2 *fib* Model Code for Concrete Structures

Der *fib* „Model Code for Concrete Structures" ist eine Modelvorschrift für das Entwerfen und Bemessen von Betonkonstruktionen. Der Model Code stellt ein Musterbeispiel für zukünftige Normen dar. Frühere Model Codes wurden 1978 und 1990 veröffentlicht. Der Model Code 1990 war das wichtigste Referenzdokument für die Entwicklung von Eurocode 2 „Betonkonstruktionen" (DIN EN 1992-1-1). In den Jahren nach 1990 wurden zahlreiche mit dem Model Code 1990 in Verbindung stehende Berichte mit Hintergründen und Anwendungsbeispielen veröffentlicht. Insbesondere soll hier das Model Code Text Book erwähnt werden, worin ausführlich auf die Hintergründe des Model Codes 1990 eingegangen wurde.

Der Model Code 2010 stellt eine neue Initiative des *fib*, des Internationalen Verbands für Beton und Betonkonstruktionen dar. Der Model Code 2010 unterscheidet sich von den vorherigen Model Codes, indem der Faktor „Zeit" ein wichtiges Element ist. Der Faktor Zeit betrifft den Aspekt Lebenszyklusbemessung. Nach dem Model Code 2010 sollte eine neue Konstruktion für eine definierte Sicherheit und Gebrauchstauglichkeit über einen im Vorfeld festgelegten Zeitraum bemessen werden. Dies impliziert Aspekte wie einen leistungsbezogenen Entwurf, den Entwurf für Nachhaltigkeit und ein Lebenszyklusmanagement.

Der Model Code 2010 enthält die nachfolgenden Kapitel:

1. Gültigkeitsbereich
2. Terminologie
3. Grundlagen
4. Prinzipien für den konstruktiven Entwurf
5. Materialien
6. Übertragung von Kräften über Kontaktflächen
7. Entwurf
8. Ausführung
9. Erhaltung
10. Rückbau

Direkte Angaben zum Thema Nachhaltigkeit findet man in Kapitel 7.10. Die grundsätzliche Bedingung die hier formuliert wird ist, dass das Umweltverhalten einer Konstruktion nachgewiesen werden sollte, indem das tatsächliche Verhalten (R), bestimmt mit Hilfe der Indikatoren für den Einfluss auf die Umwelt, grösser oder kleiner ist als die zu dem relevanten Verhaltens definierten Grenzwerte.

Ein allgemeines Prinzip des Model Codes ist, dass für jeden Nachweis unterschiedliche Nachweisniveaus (I bis III) angeboten werden. Diese variieren von einfach, für das „alltägliche Geschäft", bis fortschrittlich, für Sonderfälle mit großer Bedeutung.

Das Niveau I betrifft Methoden die zurzeit schon in mehreren Ländern angewendet werden, basierend auf Qualifikationsmethoden für ökologische Bauten. Beispiele von Niveau-I-Methoden auf nationaler Ebene sind BREEAM in England und BREEAM-NL in den Niederlanden, HUE in den USA, CASBEE in Japan und Green Star in Australia und Green Star-NZ in Neuseeland.

Niveau II fordert den Entwerfenden auf, eine „Umwelteinflussberechnung" auf Element- oder Konstruktionsebene durchzuführen, um hiermit die Optimierung durch den Materialgebrauch festzustellen. Es geht hierbei um die gespeicherte Energie (Embodied Energie EE) oder die CO_2 - Emissionen und die globale Erwärmung (GWP = Global Warming Potential). Jedes Ergebnis kann verwendet werden in Kombination mit den Ergebnissen, kalibriert für die bisherige normale Praxis. Beispiele für eine derartige Methode findet man in Anhang E von *fib*-Bulletin 47.

Das GWP stellt Gewächshausgase und deren erwarteten Einfluss auf die globale Erwärmung gleich einem definierten Volumen an CO_2. Es ist ein Hinweis auf den Umwelteinfluss über einen festgestellten Zeitabschnitt, von 20, 50 oder 100 Jahren. Zum Beispiel: der 100 GWP für die drei meist vorkommenden Gewächshausgase (Kohlendioxid, Stickstoffoxid und Methan) ist:

$$100 - \text{Jahr GWP} = CO_2 + 298NO_x + 25CH_4$$

wobei die Einheit Kilogramm CO_2-Äquivalent pro Kilogramm Material ist.

Für eine Niveau-II-Berechnung ist eine grundlegende Inventarisierung der Materialien erforderlich, abhängig von den am Ort verwendeten Materialen und gängiger Praxis. Die Berechnung sollte die gesamte Menge jedes Materials berücksichtigen (wie Beton, Bewehrung- oder Spannstahl) die in der betrachteten Konstruktion, oder im Konstruktionsteil, verwendet werden. Dabei wird die Summe jedes Volumens mit der zutreffenden Einheitsmenge multipliziert. Ein Niveau II Analyse trifft am besten zu wenn die Konstruktion nicht sehr groß ist.

Die Niveau-III-Berechnung betrifft eine vollständige Lebenszyklusanalyse für ein System mit deutlichen Randbedingungen, in Einklang mit ISO 14040. Alle Eingabedaten und Ausgabedaten sollten über die ganze Ausführungsphase, die Nutzungszeit und die Zeit nach dem Rückbau, beachtet werden. Die Analyse sollte auch auf Dauerhaftigkeit und Unterhaltung, Recycling und Wiederverwendung Rücksicht nehmen. Die Niveau-III-Analyse ist meist geeignet für großmaßstäbliche Konstruktionen

3 Die Bedeutung des Model Codes 2010 für die Nachhaltigkeit in breiterem Sinne

3.1 Allgemeine Betrachtungen

Das Kapitel 7.10 im Model Code, in dem das Thema Nachhaltigkeit behandelt wird, ist nicht sehr umfassend. Ein Argument um dieses Kapitel beschränkt zu halten war, dass der Model Code nur einmal in etwa 20 Jahren erscheint und dass die Entwicklungen im Bereich der Nachhaltigkeit derzeit sehr schnell fortschreiten. Dies könnte bedeuten, dass was jetzt festgeschrieben wird, die weiteren Entwicklungen bremsen könnte. Deshalb wurden im Model Code lediglich Prinzipien formuliert. Dies bedeutet jedoch nicht, dass der Model Code die Nachhaltigkeit nicht ausreichend berücksichtigt. Er gibt mehrere Ansätze um neue Entwicklungen zu stimulieren. Der erste Ansatz betrifft die Entwicklung von geeigneten Baustoffen. Das Kapitel 5.1 im Model Code 2010 betrifft das Thema Beton als Material. In diesem Kapitel wurde die Tür zu neuen Entwicklungen geöffnet.

Betone gibt es zurzeit in vielen Varianten. Die Festigkeit geht zurzeit sogar bis B 200 und es werden auch Faserbetonarten unterschiedlicher Natur berücksichtigt. Durch eine geeignete Zusammensetzung des Betons können signifikante Nachhaltigkeitsvorteile erzielt werden. Dies gilt sowohl für Betone mit niedriger Festigkeit als auch für Betone mit sehr hoher Festigkeit.

Das Kapitel 7.1 behandelt „Konzeptuelles Entwerfen". Dies betont die Möglichkeit schon in der Entwurfsphase die Lebensdauer der Konstruktion entscheidend zu erhöhen, bzw. die Nutzung von Bauteilen oder Materialen nach dem Rückbau zu stimulieren.

Das Kapitel 7.8 behandelt die Grenzzustände in Bezug auf die Dauerhaftigkeit. Somit wird der Ingenieur schon in der Entwurfsphase angeregt, über die Erhaltung der Konstruktion nachzudenken und Maßnahmen zu treffen um kostengünstige Entscheidungen herbeizuführen.

Das Kapitel 10 geht kurz auf den Rückbau ein. Die Funktion dieses Kapitels ist nicht, ausführliche Informationen über den Rückbau und das Recycling zu bieten, sondern symbolisch das Ende der Lebensdauer anzudeuten und damit den entwerfenden Ingenieur anzuregen, in Lebenslauftermen zu denken und sich auch Gedanken zu machen über das Ende der Konstruktion und wie das Gebäude entfernt, bezugsweise (teilweise) wiederverwendet werden könnte, zu machen.

3.2 Die Herausforderung der neuen Materialien

Eine vielversprechende Entwicklung ist die des Ökobetons. Es geht hierbei um das Bestreben durch eine optimale Packungsdichte des Zuschlags Zement einzusparen, ohne Verlust der günstigen Eigenschaften in Vergleich zu konventionellen Betonen.

In der Doktorarbeit von Fennis [1] wurde nachgewiesen, dass durch eine optimale Packung der Zuschlagkörner, in Kombination mit Feinstoffen, Betone produziert werden können, die mit 110 kg/m^3 eine 28-tagige Festigkeit von 35 N/mm^2 aufweisen. Die mechanischen Eigenschaften dieser Betone sind etwa ähnlich denen von konventionellem Beton. Kriech- und Schwindwerte und der elektrische Widerstand (stellvertretend für Dauerhaftigkeitsparameter) zeigen sogar bessere Werte. Durch die Verwendung von derartigen Mischungen können die CO_2 Emissionen um 25 % reduziert werden.

Ultrahochfeste Betone bieten in Bezug auf die Nachhaltigkeit gute Chancen. Um dies zu erkennen sollten die integralen Projektkosten berechnet werden. Ein Beispiel ist die Anwendung von vorgespannten Spundwänden aus Ultrahochfestem Faserbeton. Die Wände haben eine Stärke von 45 mm statt 120 mm bei Verwendung eines Betons B 65.

Weil das Gewicht der Spundwände nur 1/3 von dem von konventionellen Spundwänden ist, können mit einem LKW dreimal so viele Wände transportiert werden. Dies bedeutet eine erhebliche Energieeinsparung. Für das Einrammen der Wände in den Boden ist viel weniger Zeit erforderlich. Hierdurch wird nicht nur Energie eingespart, sondern auch die Lärmbelästigung reduziert. Obwohl das Material pro Kubikmeter erheblich teurer ist als ein traditioneller Beton, ist der Preis im Rahmen des gesamten Projektes günstiger. Die Lösung ist somit in Bezug auf die Nachhaltigkeit attraktiv.

3.3 Konzeptuell auf Nachhaltigkeit entwerfen

Es ist einerseits möglich den ganzen Lebenszyklus eines Gebäude nachzuvollziehen, inklusiv Überlegungen zur Wiederverwendung von Bauschutt. Es ist jedoch auch möglich das Gebäude so zu entwerfen dass es durch seine Flexibilität anpassungsfähig ist, so dass der Rückbau vermieden werden kann. Beispiele von Gebäuden, die über viele Jahrzehnte problemlos mehrere Funktionen erfüllen, liegen vor.

4 Schlussfolgerungen

- Quantifizierungsmodelle zur Feststellung der Nachhaltigkeit finden allmählich ihren Weg in neue Normen.

- Der Model Code 2010 enthält verschiedene Anregungen zur Stimulierung des nachhaltigen Bauens.
- Neue Materialien bieten oft sehr interessante Vorteile in Bezug auf die Nachhaltigkeit.
- Gute konzeptionelle Lösungen können zu großen Vorteilen in Bezug auf die Nachhaltigkeit führen.

5 Literatur

[1]   Fennis, S., „Design of ecological concrete by particle packing optimization", Dissertation, TU Delft, Jan. 2011

6 Autor

Prof. Dr. Joost Walraven
Department Design and Construction Structural and Building Engineering Concrete Structures
TU Delft
Stevinweg 1
2628 CN Delft
The Netherlands

Gebäudetechnik in nachhaltigen Betonbauwerken – Anforderungen und Herausforderungen

M. Norbert Fisch

Zusammenfassung

Wie hoch ist der Einfluss der Gebäudemasse auf das Raumklima? Gilt der Satz, dass „Dämmen vor Speichern" geht? Im Folgenden wird der Einfluss der inneren Gebäudemasse auf die Energieperformance von Gebäuden diskutiert.

1 Gebäudemasse contra Leichtbau

Historische Bauwerke wie Kirchen und Museen sind um ein Vielfaches massiver als heutige Gebäude. Kühle Innenraumtemperaturen in der Übergangzeit und im Sommer geben ein allseits bekanntes Beispiel für die Wirksamkeit der Gebäudemasse von Wänden und Decken als thermischen Speicher. Je größer die Wärmespeicherfähigkeit eines Gebäudes, desto träger reagieren die Innenräume auf die äußeren Umgebungseinflüsse.

Die thermische Behaglichkeit ist heute neben der Energieeffizienz eines der entscheidendsten Kriterien für die Bewertung der Nutzungsqualität von Gebäuden. Das gewünschte Innenraumklima unterscheidet sich im Jahresverlauf überwiegend vom Außenklima. Als Ergebnis einer Bilanz von Wärmeverlusten und Wärmegewinnen stellt sich ein Gleichgewichtszustand unter den jeweiligen äußeren Wettersituationen ein. Je häufiger sich dieser Zustand ohne den Einsatz aktiver Konditionierung einstellt, desto geringer ist der Aufwand zum Heizen oder Kühlen. Gebäude sollten daher möglichst unempfindlich gegenüber äußeren und inneren Einflüssen konstruiert und gestaltet werden. Die thermische Speichermasse kann variierende Randbedingungen ausgleichen und sowohl sommerlicher Überhitzung als auch schneller Auskühlung vorbeugen. Massive Gebäude besitzen eher diese Unempfindlichkeit als Leichtbauten. Dabei besteht auch für diesen Konstruktionstyp die Möglichkeit zur passiven thermischen Regulierung des Raumklimas z.B. durch zusätzliche thermische Aktivierung der inneren Massen.

Eine optimierte Gebäudehülle unter Berücksichtigung der Standortbedingungen, die den sommerlichen wie den winterlichen Wärmeschutz erfüllt, ist für beide Grundvoraussetzung für ein behagliches Raumklima. Die Abwägung zwischen Massiv- und Leichtbauten ist zusätzlich im Kontext zum primär- energetischen Aufwand für die Herstellung, der grauen Energie, zu sehen und zu bewerten.

2 Gebäudemasse und sommerliche Überhitzung

Die thermische Speichermasse ist für Bürogebäude von größerer Bedeutung als für Wohngebäude, weil interne und externe Lasten gleichzeitig auftreten und zu Überhitzungen führen können. Eine Regulierung der sommerlichen Raumtemperaturen in Verbindung mit der Speichermasse des Gebäudes ist z.B. durch die sogenannte „passive Kühlung" in Form einer Nachtlüftung oder nachts durch „freie Kühlung" über Rückkühler möglich. Die Funktion der Speichermasse beruht darauf, am Tage einen Teil der im Innenraum freiwerdenden Wärme einzuspeichern und diese nachts unter günstigen Außenbedingungen wieder zu entladen. Voraussetzung ist, dass die Raumumschließungsflächen als thermische Speichermasse im Raum durch Materialität und Wärmespeicherfähigkeit zur Verfügung stehen. Dabei sieht das Konzept der Nachtlüftung vor, die Wärme im Raum durch erhöhte Luftwechsel (mind. 4 h^{-1}) dann abzuführen, wenn die Außenlufttemperatur unter die der Innenraumtemperatur fällt. Das ist im europäischen Klima stets und auch in anderen Klimata meist nachts der Fall.

Um den Anstieg der Temperaturen im Raum während der Nutzungszeit zu begrenzen sind die Wärmelasten zu reduzieren. Zusätzlich sollte der Luftwechsel an den heißen Tagstunden auf das hygienische Maß begrenzt bleiben. Für die Nacht ist zur Auskühlung der Bauteilmassen, die tagsüber die überschüssige Wärme aufnehmen, ein effektives Lüftungskonzept erforderlich, das einen ausreichenden, ca. 4- bis 6-fachen, Luftwechsel ermöglicht. Unterstützend wirken eine hohe Temperaturdifferenz zwischen innen und außen (thermischer Auftrieb) und Wind als natürlicher Antrieb. Lüftungsöffnungen sollten witterungsgeschützt und einbruchsicher sein und einen ausreichenden Querschnitt zum Luftaustausch bieten. Elektromotorische Stellmotoren können das Öffnen und Schließen der Fenster und damit die Funktion der Nachtlüftung unabhängig vom Nutzer sicherstellen, sind aber im Hinblick auf Investitions- und Instandhaltungskosten kritisch zu prüfen.

2.1 Beispiel Nachtlüftung in trocken heißen Klimaregionen

Im Rahmen einer wiss. Arbeit am IGS wurde das Potential der Nachtkühlung für ein Bürogebäude im jemenitischen Sanaa untersucht. Da die Stadt im Hochland liegt (ca. 2.000 m ü. NN), ergeben sich relativ hohe Differenzen der Außenlufttemperatur zwischen Tag und Nacht. Für das Bürogebäude konnte durch Simulationsstudien die Reduzierung des Kältebedarfs durch die Erhöhung des nächtlichen Luftwechsels nachgewiesen werden. Dabei spielt die Abkühlung der thermisch wirksamen Speichermasse des Gebäudes eine entscheidende Rolle. Ein 5 bis 8-facher Luftauswechsel im Zeitraum von 22 bis 6 Uhr führt zu einer signifikanten Verringerung des Kühlenergiebedarfs (Abbildung 1)

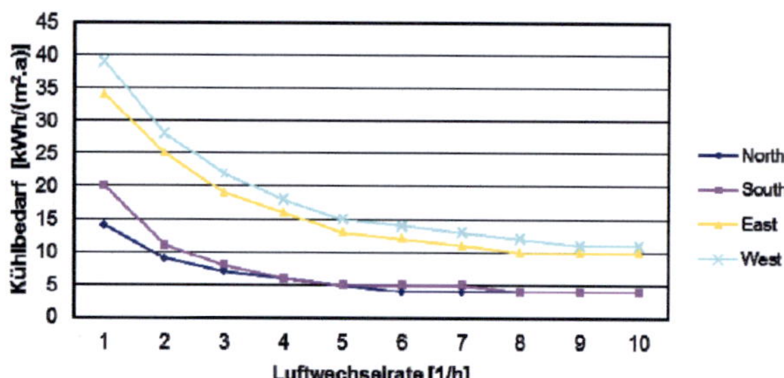

Abb. 1: Reduzierung des Kühl-Energiebedarfs durch Nachtlüftung (Büroraum in Sanaa)

Im Vergleich zu einer konventionellen Klimatisierung lässt sich durch eine geregelte Nachtlüftung (Lw ca. 6 h^{-1}, mechanisch unterstützt, Lufttemperaturen und -differenzen überwacht) der Kühlenergiebedarf auf rd. 20 % reduzieren (Abb. 2). Der sehr geringe Rest-Kühlenergiebedarf von rd. 10 kWh/(m^{2}a) lässt sich durch eine mech. Lüftungsanlage mit WRG (hygienisch erf. Luftwechsel ca. 1,5 bis 2 h^{-1}, Zuluft-Temperaturen um 18°C) problemlos decken.

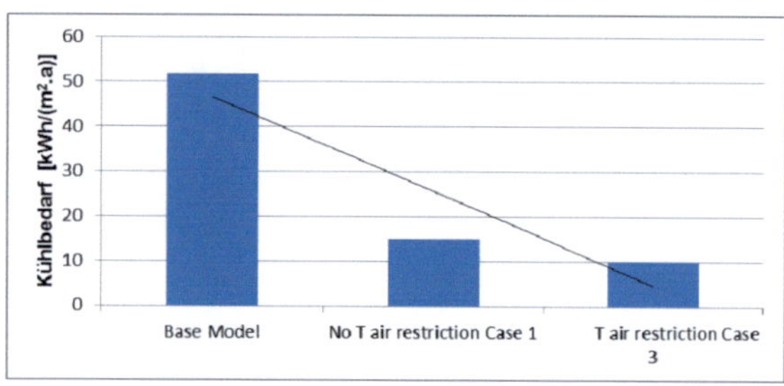

Abb. 2: Jahres-Kühl-Energiebedarf (Vollklimaanlage - Nachtlüftung)

3   Gebäudemasse mit Aktivierung

Um die innere Gebäudemasse zur Klimaregulierung über die beschriebenen passiven Maßnahmen hinaus nutzen zu können, ist eine Kombination passiver und aktiver Maßnahmen möglich.

Dazu kann die thermische Bauteilmasse aktiviert und durch Flächensysteme zum Heizen und Kühlen genutzt werden. Generell geeignet sind Decken (Abbildung 3), Wände und der Fußboden. Die Wärmeübergabe dieser Flächenheiz- bzw. -kühlsysteme erfolgt hauptsächlich über Strahlung und zu einem geringen Anteil auch durch Konvektion. Je dichter die vom Medium durchflossenen Rohre zum Raum liegen, desto flinker und leistungsstärker ist das System. Zusätzlich wird die flächenbezogene Wärmeleistung durch einen geringeren Verlege-Abstand (VA) der Rohre untereinander beeinflusst (Abbildung 4). Systemtemperaturen nahe der Raumtemperatur machen darüber hinaus eine aufwendige Regelung zunehmend verzichtbar und verbessern die Nutzungsmöglichkeit regenerativer Energien (LowExergy – Systeme).

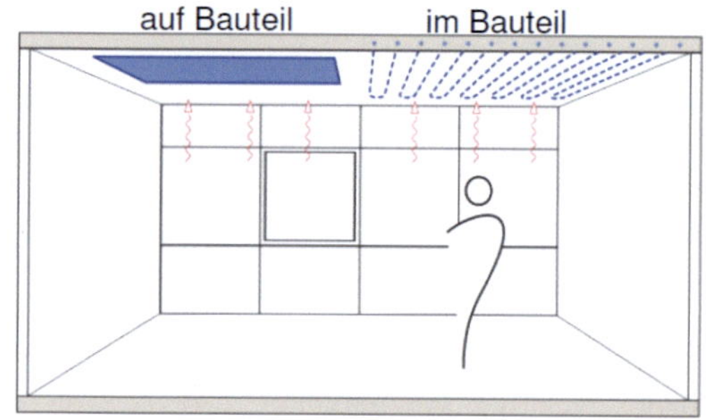

Abb. 3: Lage der Betonkerntemperierung in der Decke

Bei Vorlauftemperaturen um 16 °C sind über die Decke ca. 30 bis 35 W/m^2 Kälteleistung möglich (Abbildung 4). Zusammen mit dem Fußboden (sofern kein Doppelboden) erhöht sich diese auf 40 bis 50 W/m^2, was bei einer „guten" Fassade und normaler Bürobelegung (innere Wärmelast um 20 bis 25 W/m^2) in mitteleuropäischen Klima ausreicht die sommerliche Überhitzung zu vermeiden.

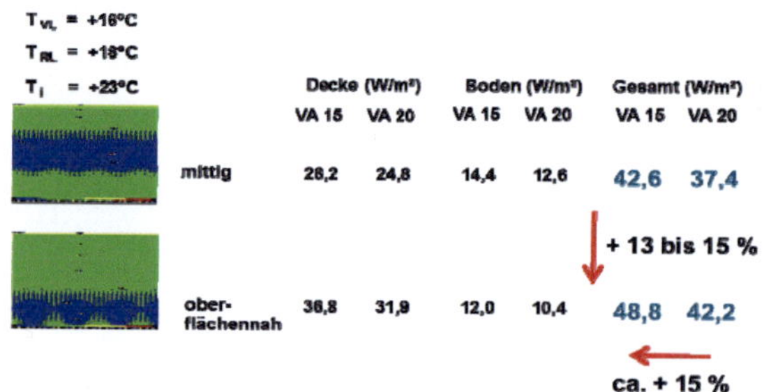

Abb. 4: Flächenbezogene Kälteleistung – Betonkerntemperierung (VA-Verlegeabstand)

3.1 Betonkernaktivierung (BKT)

Die Betonkernaktivierung (BKT), die häufig in Bürogebäuden umgesetzt wird, kann im saisonalen Wechsel zum Heizen und zum Kühlen genutzt werden. Bei diesem System werden Rohrschleifen i.d.R. in den Kern der Betondecken integriert. Die Wärme- und Kälteabgabe erfolgt sowohl nach oben als auch nach unten. Durch die Anordnung der Schleifen in diesem statisch neutralen Bereich, bleibt die Deckenstärke im Vergleich zur nicht aktivierten Decke unverändert.

In der Abbildung 5 sind die Heiz- und Kühlleistungen von Fußbodenheizung (links) und Betonkernaktivierung (rechts) in Abhängigkeit von Lage und Abstand verglichen, wobei die Temperaturdifferenz von Raumluft und Wärmeträgermedium im gezeigten Beispiel 5 K beträgt.

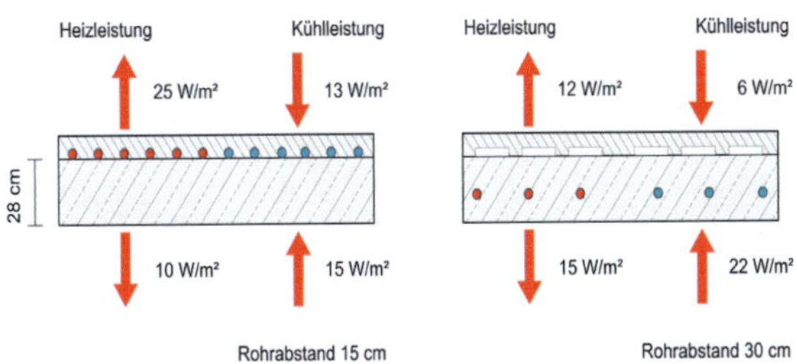

Abb. 5: Heiz- und Kühlleistung von Fußbodenheizung und Betonkernaktivierung

Die Betonkernaktivierung erreicht eine höhere Leistung im Kühlbetrieb. Die warme Raumluft steigt infolge thermischen Auftriebs an die Decke, wird dort abgekühlt und sinkt mit höherer Dichte wieder nach unten. Im Heizfall ist die Wärmeübergabe an die Raumluft nach unten aufgrund entgegengesetzter Richtung zum thermischen Auftrieb grundsätzlich ungünstiger. Die Wärme wird an den Raum in diesem Fall überwiegend durch den Strahlungsaustausch abgegeben. Nach oben ist die Wärme- und Kälteabgabe von einer Betonkernaktivierung durch den üblichen Fußbodenaufbau i.d.R. eingeschränkt.

3.2 BKT Lastmanagement

Aufgrund der Bauteilmasse der Geschossdecken handelt es sich bei der Betonkernaktivierung um ein sehr träges System mit hoher Speicherkapazität. Beim Wechsel vom Heiz- in den Kühlbetrieb oder umgekehrt muss erst der gesamte Betonkern abgekühlt oder aufgeheizt werden, bevor Kälte oder Wärme an den Raum abgegeben wird. Abhängig vom Temperaturniveau und den Speichermassen kann dies bis zu einem Tag dauern.

In den Übergangszeiten, also im Frühling und Herbst, wenn Heiz- und Kühlanforderungen häufig wechseln, sind die Regelalgorithmen entsprechend anzupassen, bzw. die BKT ganz außer Betrieb zu nehmen. Neben dem Verzicht auf den Betrieb der

Betonkernaktivierung zu dieser Zeit ist der Betrieb mit Systemtemperaturen nahe der gewünschten Raumtemperatur möglich (Abbildung 6). Mit geringen Temperaturunterschieden lässt sich ein Selbstregulierungseffekt erreichen. Das heißt, wenn die Raumtemperatur über die Systemtemperatur steigt, nehmen die Decken Wärme auf. Kühlt der Raum hingegen ab, können die Decken Wärme abgeben.

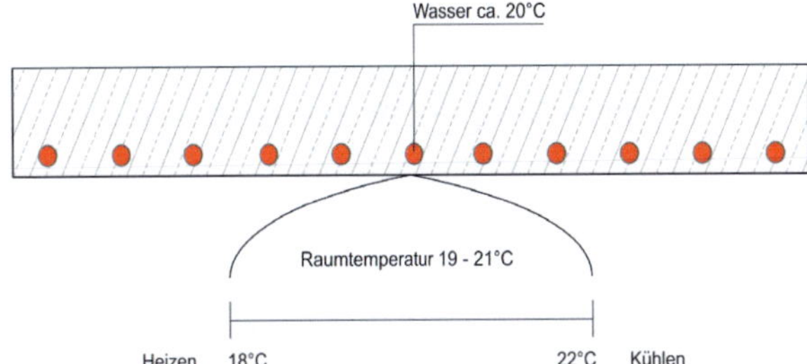

Abb. 6: Prinzip des selbstregulierenden Effekts bei der thermischen Bauteilaktivierung

Aufgrund ihrer Systemträgheit und einer begrenzten Leistung von etwa 30 W/m² werden Betonkernaktivierungen in der Regel zur Grundlastkonditionierung eingesetzt. Die Notwendigkeit von weiteren Heiz- und Kühlsystemen ist zu prüfen und abhängig von den Lasten und der Qualität der Gebäudehülle. Leistungsstärker sind oberflächennahe Systeme wie z.B. eingeputzte Kapillarrohrmatten. Eine regelungstechnische Abstimmung konkurrierender Wärmeübergabesysteme wie Flächenheizungen, statischen Heizungen und Lüftung ist in jedem Fall von großer Bedeutung.

Die Aktivierung der Trägheit der thermischen Masse kann zusätzlich zu einer Verschiebung von Lasten / Spitzenlasten im Gebäude genutzt werden. Durch eine nächtliche Beladung der Betonkernaktivierung, steht tagsüber die Leistung z.B. für dynamische Prozesse zur Verfügung. Neben der Reduzierung der installierten Leistung kann die Anlageeffizienz und die Komfortbewertung erhöht werden. In den Abbildungen 7 und 8 wird der Einfluss einer solchen Phasenverschiebung auf die Kälteleistung in Abhängigkeit des Tagesprofils der Betonkernaktivierung und der Lüftung dargestellt.

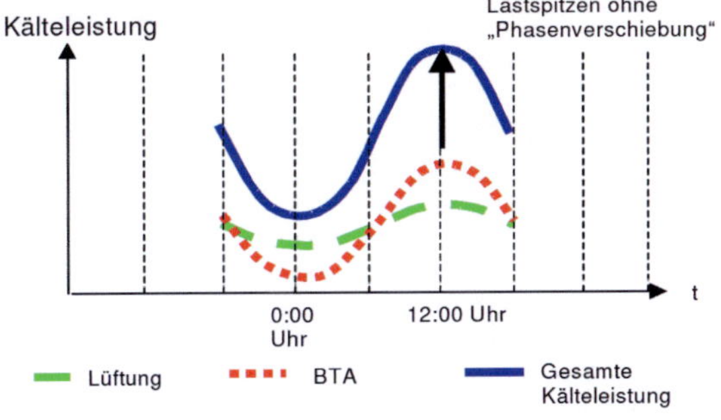

Abb. 7: Kälteleistung ohne Phasenverschiebung bei Beladung Tag

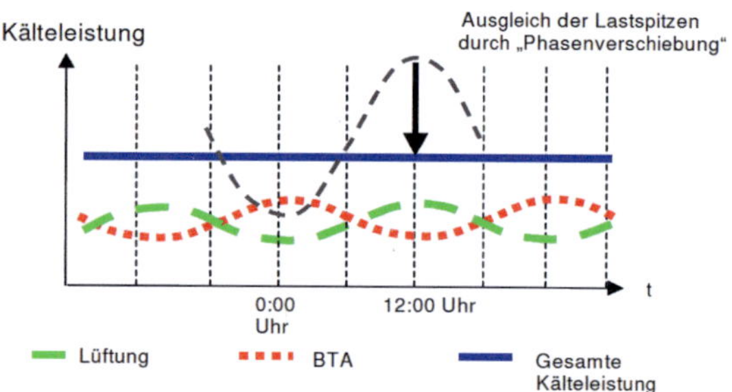

Abb. 8: Kälteleistung mit Phasenverschiebung bei Beladung Nacht

3.3 Beispiel Flächenheizung in feucht heißen Klimaregionen

In einem Systemvergleich wurden am IGS konventionell, klimagekühlte Räume mit statisch konditionierten Zonen verglichen und energetisch sowie in Bezug auf den Nutzerkomfort bewertet. Der Kühlenergiebedarf wird für die erste Situation durch einen bis zu 10-fachen Luftwechsel gedeckt. Die strahlungsgekühlten Bereiche haben ein aktives Flächensystem in Kombination mit einer hygienischen Grundbelüftung, die gleichzeitig die Entfeuchtung der Luft gewährleistet. Neben dem signifikant als komfortabler empfundenen Raumklima der statisch gekühlten Flächen lässt sich durch die wassergeführten Systeme eine Verbesserung der Energieeffizienz von 35 % erreichen (Abbildung 9).

3.4 Aktive und passive Kühlung contra Akustik

Die Anforderungen an flächige Heiz- und Kühlsysteme insbesondere im Deckenbereich und die der Raumakustik sind in Teilen gegensätzlich. Die Betonkernaktivierung nimmt häufig einen Großteil der Decke in Anspruch, um die geforderten Heiz- und Kühlleistungen zur Verfügung stellen zu können. Da die Raumluft im direkten Austausch mit den thermisch aktivierten aber schallharten Flächen stehen muss, ist diese im Regelfall nicht als die Akustikdecke nutzbar.

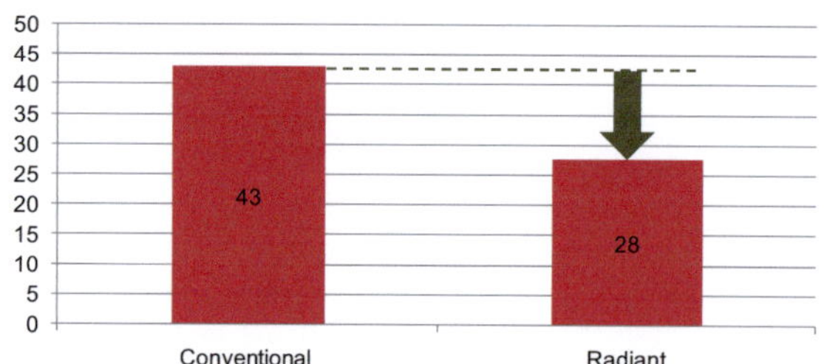

Abb. 9: Stromverbrauch für die Gebäudekühlung bei konventioneller und überwiegend statischer Kälteübergabe

Auf der anderen Seite erfordert z.B. die Büro- oder Schulnutzung geringe Nachhallzeiten (0,5 bis 0,8 s), die herkömmlich mit einer kostengünstigen vollflächigen Akustikdecke gewährleistet wird.

Um beiden Anforderungen, akustischem und thermischem Komfort zu entsprechen, haben sich in Simulationen abgehängte und damit thermisch reduziert aktive Deckenbereiche von ca. 40 bis 45 % (Abbildung 10) als umsetzbar erwiesen, wobei sich die Kühlleistung der BKT um ca. 15 % verringert. Externe und interne Lasten sind entsprechend zu verringern und die fehlende Absorption muss durch die Belegung von Wand- und Bodenflächen erfolgen. Der Einsatz von deckenhängenden Baffeln (Abbildung 11) ist eine Alternative, die aber gestalterisch abgestimmt werden muss. Durch die Baffeln wird die flächenbezogenen Kühlleistung der BKT um 12 bis 16 % reduziert. Technisch und gestalterisch gelöste Konzepte zeigt der Umbau der Institutsräume am IGS im 9.OG des Bürohochhauses BS4 der TU Braunschweig.

Abb. 10: Seminarbereich IGS Akustiksegel unter Betondecke

Abb. 11: Besprechungsbereich Akustik-Baffel unter Betondecke

3.5 Gebäudemasse im Kontext zur Energiespeicherung und Last-Management

Aktuelle Beispiele energieeffizienter Gebäude nutzen die thermische Gebäudemasse als Speicher für die Erträge aus erneuerbaren Energien. Im Netto-Plusenergie-Wohngebäude „Berghalde" (Abbildung 12) stellt eine dachintegrierte Photovoltaikanlage Strom für den Gebäudebetrieb, den Haushalt und die Elektromobilität zur Verfügung. Um möglichst hohe Anteile der regenerativen Erträge direkt im Gebäude zu nutzen (Eigenstromnutzung), ist ein intelligentes Lastmanagement-System installiert, dass den Betrieb der Aggregate auf den solaren Strahlungsertrag abstimmt.

Das technische Konzept PV-Anlage, elektrische Wärmepumpe und Niedertemperatur-Flächenheizung (Abbildung 13) ist im Kontext der massiven Bauweise ein Zukunftssystem zur Erreichung hoher solarer Deckungsanteile und Umsetzung von Plusenergiestandards. So stellt die Wärmepumpe nur am Tag Heizwärme für die Räume über die Fußbodenheizung zur Verfügung und belädt die massiven Bauteile (Estrich) und den Pufferspeicher. Die durch die hervorragend gedämmte Gebäudehülle reduzierten Wärmeverluste verzögern die Auskühlung des Gebäudes in der Nacht (Abbildung 14).

Abb. 12: Netto Plusenergiegebäude „Berghalde", Leonberg

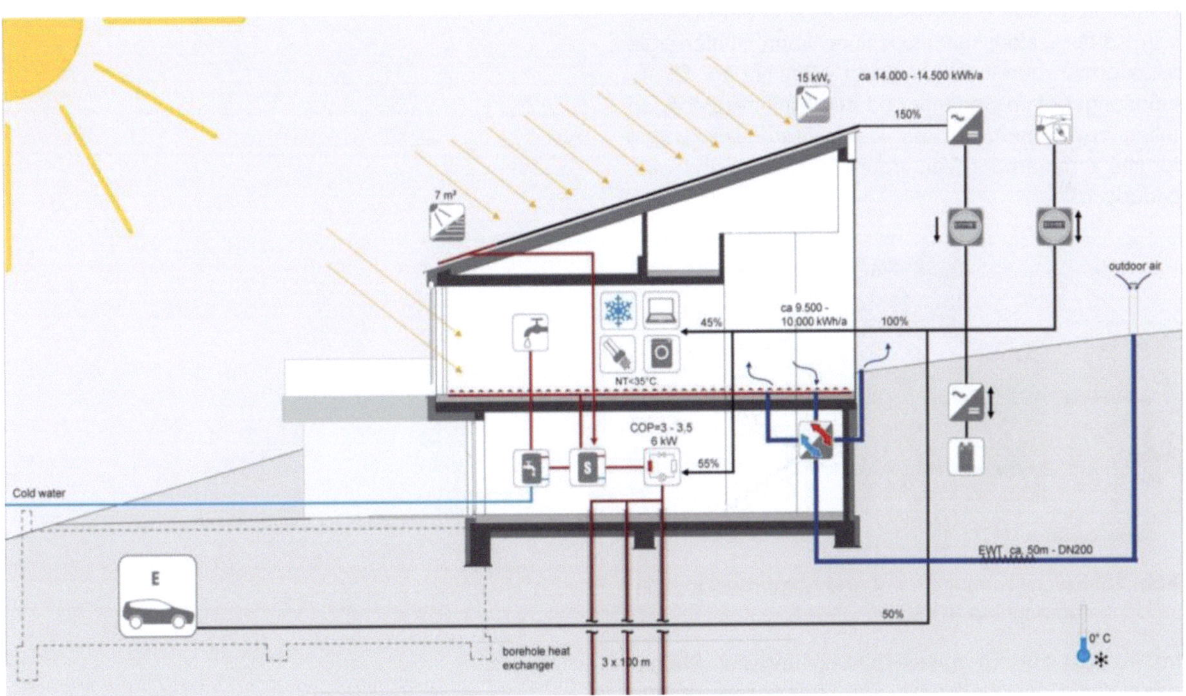

Abb. 13: Gebäudetechnik – Plusenergie-Standard (Wohnhaus „Berghalde", Leonberg)

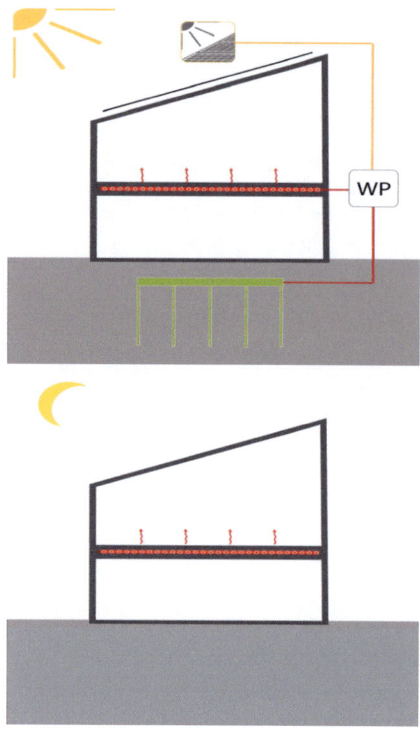

Abb. 14: Beladen FB-Heizung über Wärmepumpe am Tag und Entladen in Nacht

Auch für die Gebäudekühlung lassen sich Konzepte für die Eigenstromnutzung realisieren. Durch die Kombination aus Photovoltaikstrom und dem Betrieb von Kompressionskältemaschinen kann Kühlenergie regenerativ bereitstellt werden. Das hohe Strahlungsangebot im Sommer und der Kühlenergiebedarf fallen zusammen, sodass ideale Voraussetzungen für die erneuerbare Versorgung gegeben sind (Abbildung 15).

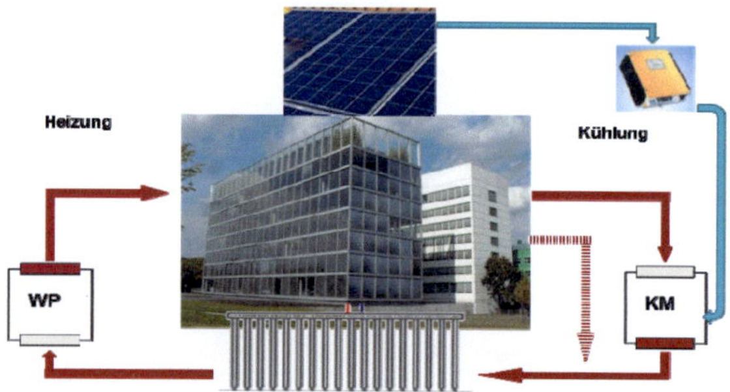

Abb. 15: Solare Kühlung – PV und Kompressionskältemaschine (KKM)

Im Kontext zur Energieeinsparung und zur Steigerung der Energieeffizienz von Gebäuden ist die thermisch wirksame Speicherkapazität eine intelligent nutzbare und steuerbare Größe. Die Gebäudemasse ist als Bestandteil eines ganzheitlichen und integralen Konzepts in die Planung für eine nachhaltige Versorgung einzubeziehen und mit den sonstigen Belangen des Gebäudekomforts abzustimmen. Insbesondere mit der Kombination von PV mit Wärmepumpe bzw. Kältemaschine im Kontext mit Low-Ex-Niedertemperatur-Systemen und einer massiven Bauweise sind hohe solare Deckungsanteile für die Heizung und Kühlung von Gebäuden zu erreichen.

4 Autor

Prof. Dr.-Ing. M. Norbert Fisch
Institut für Gebäude- und Solartechnik
TU Braunschweig
Mühlenpfordtstr. 23
38106 Braunschweig

Programm des Symposiums

15. März 2012, Großer Hörsaal Bauingenieurwesen, Karlsruher Institut für Technologie (KIT)

9:00 Uhr **Anmeldung/Kaffee**

9:30 Uhr **Begrüßung**
Prof. Dr.-Ing. Harald S. Müller,
Karlsruher Institut für Technologie (KIT)

Dipl.-Ing. Eckhard Bohlmann,
Verband Deutscher Betoningenieure e. V.

Ulrich Nolting,
Geschäftsführer,
Beton Marketing Süd GmbH, Ostfildern

9:40 Uhr **Nachhaltiger Beton – Überblick**
Prof. Dr.-Ing. Harald S. Müller,
Karlsruher Institut für Technologie (KIT)

9:55 Uhr **Realisierung zukunftsfähiger Bauwerke -
Anforderungen an Planung und
Baustoffauswahl**
Prof. Dr.-Ing. habil. Thomas Lützkendorf,
Karlsruher Institut für Technologie (KIT)

10:30 Uhr **Kaffeepause**

Instrumente der Nachhaltigkeitsbewertung

11:00 Uhr **Methoden und Ergebnisse der
Ökobilanzierung**
Prof. Dr. rer. nat. Bruno Hauer,
Georg-Simon-Ohm Hochschule Nürnberg,

11:30 Uhr **Methoden des Lebenszyklus-
managements**
Prof. Dr.-Ing. Christoph Gehlen,
TU München

12:00 Uhr **Mittagspause**

Baustoffe für nachhaltige Bauwerke

13:30 Uhr **Stellung von Zement in der
Nachhaltigkeitsbewertung von
Gebäuden**
Dr.-Ing. Christoph Müller,
Forschungsinstitut der Zementindustrie,
Düsseldorf

14:00 Uhr **Nachhaltiger Beton – Betontechnologie
im Spannungsfeld zwischen Ökobilanz
und Leistungsfähigkeit**
Dr.-Ing. Michael Haist,
Karlsruher Institut für Technologie (KIT)

14:30 Uhr **Kaffeepause**

Nachhaltig konstruieren mit Beton

15:00 Uhr **Nachhaltiges Konstruieren nach dem
Model Code 2010**
Prof. Dr. Joost Walraven,
TU Delft, Niederlande

15:30 Uhr **Gebäudetechnik in nachhaltigen
Betonbauwerken - Anforderungen und
Herausforderungen**
Prof. Dr.-Ing. M. Norbert Fisch,
TU Braunschweig

16:00 Uhr **Hedonistische Nachhaltigkeit**
Kai-Uwe Bergmann
BIG CPH, Copenhagen N, Denmark

16:45 Uhr **Zusammenfassung / Schlusswort**
Prof. Dr.-Ing. Harald S. Müller,
Karlsruher Institut für Technologie (KIT)

Ulrich Nolting,
Geschäftsführer,
Beton Marketing Süd GmbH, Ostfildern

16:50 Uhr **Umtrunk / Imbiss**

Autorenverzeichnis

9. Symposium Baustoffe und Bauwerkserhaltung „Nachhaltiger Beton"

Prof. Dr.-Ing. M. Norbert Fisch
Institut für Gebäude- und Solartechnik, TU Braunschweig, Mühlenpfordtstr. 23, 38106 Braunschweig

Prof. Dr.-Ing. Christoph Gehlen
Centrum Baustoffe und Materialprüfung, Baumbachstr. 7, 81245 München

Dr.-Ing. Michael Haist
Institut für Massivbau und Baustofftechnologie, Karlsruher Institut für Technologie (KIT),
Gotthard-Franz-Str. 3, 76131 Karlsruhe

Prof. Dr. rer. nat. Bruno Hauer
Fakultät Allgemeinwissenschaften, Georg-Simon-Ohm-Hochschule Nürnberg, Keßlerplatz 12, 90489 Nürnberg

Prof. Dr.-Ing. habil. Thomas Lützkendorf
Lehrstuhl für Ökonomie und Ökologie des Wohnungsbaus, Karlsruher Institut für Technologie (KIT),
Kaiserstr. 12, 76128 Karlsruhe

Prof. Dr.-Ing. Harald S. Müller
Institut für Massivbau und Baustofftechnologie, Karlsruher Institut für Technologie (KIT),
Gotthard-Franz-Str. 3, 76131 Karlsruhe

Dr.-Ing. Christoph Müller
Forschungsinstitut der Zementindustrie, Tannenstr. 2, 40476 Düsseldorf

Prof. Dr. Joost Walraven
Department Design and Construction Structural and Building Engineering Concrete Structures,
TU Delft, Stevinweg 1, 2628 CN Delft The Netherlands

Symposium Baustoffe und Bauwerkserhaltung

1. Symposium Baustoffe und Bauwerkserhaltung
Instandsetzung bedeutsamer Betonbauten der Moderne in Deutschland
Hrsg. H. S. Müller, U. Nolting, M. Vogel, M. Haist
ISBN 978-86644-098-2

2. Symposium Baustoffe und Bauwerkserhaltung
Sichtbeton – Planen, Herstellen, Beurteilen
Hrsg. H. S. Müller, U. Nolting, M. Haist
ISBN 3-937300-43-0

3. Symposium Baustoffe und Bauwerkserhaltung
Innovationen in der Betonbautechnik
Hrsg. H. S. Müller, U. Nolting, M. Haist
ISBN 3-86644-008-1

4. Symposium Baustoffe und Bauwerkserhaltung
Industrieböden aus Beton
Hrsg. H. S. Müller, U. Nolting, M. Haist
ISBN 978-3-86644-120-0

5. Symposium Baustoffe und Bauwerkserhaltung
Betonbauwerke im Untergrund – Infrastruktur für die Zukunft
Hrsg. H. S. Müller, U. Nolting, M. Haist
ISBN 978-3-86644-214-6

6. Symposium Baustoffe und Bauwerkserhaltung
Dauerhafter Beton – Grundlagen, Planung und Ausführung bei Frost- und Frost-Taumittel-Beanspruchung
Hrsg. H. S. Müller, U. Nolting, M. Haist
ISBN 978-3-86644-341-9

7. Symposium Baustoffe und Bauwerkserhaltung
Beherrschung von Rissen in Beton
Hrsg. H. S. Müller, U. Nolting, M. Haist
ISBN 978-3-86644-487-4

bitte wenden!

8. Symposium Baustoffe und Bauwerkserhaltung
Schutz und Widerstand durch Betonbauwerke bei chemischen Angriff
Hrsg. H. S. Müller, U. Nolting, M. Haist
ISBN 978-3-86644-654-0

Alle Bände sind kostenfrei als Download bei **KIT Scientific Publishing (http://www.ksp.kit.edu)** oder für einen Umkostenbeitrag im Buchhandel erhältlich.